国家自然科学基金面上项目(41971356)资助
国家自然科学基金青年基金(41701446)资助

U0169057

互联网 GIS 系统开发实践

HULIANWANG GIS XITONG KAIFA SHIJIAN

郭明强　黄　颖　万晓明　主　编
王媛妮　樊媛媛　刘　然　副主编

中国地质大学出版社
ZHONGGUO DIZHI DAXUE CHUBANSHE

图书在版编目(CIP)数据

互联网 GIS 系统开发实践/郭明强,黄颖,万晓明主编.—武汉:中国地质大学出版社,2022.8

ISBN 978-7-5625-5384-7

Ⅰ.①互… Ⅱ.①郭… ②黄… ③万… Ⅲ.①地理信息系统 Ⅳ.①P208.2

中国版本图书馆 CIP 数据核字(2022)第 156431 号

互联网 GIS 系统开发实践		郭明强 黄 颖 万晓明 **主编**
责任编辑:王 敏	选题策划:王 敏	责任校对:徐蕾蕾
出版发行:中国地质大学出版社(武汉市洪山区鲁磨路 388 号)		邮编:430074
电 话:(027)67883511	传 真:(027)67883580	E-mail:cbb@cug.edu.cn
经 销:全国新华书店		http://cugp.cug.edu.cn
开本:787 毫米×1092 毫米 1/16		字数:199 千字 印张:7.75
版次:2022 年 8 月第 1 版		印次:2022 年 8 月第 1 次印刷
印刷:武汉市籍缘印刷厂		印数:1—1000 册
ISBN 978-7-5625-5384-7		定价:25.00 元

如有印装质量问题请与印刷厂联系调换

前　言

　　随着我国经济社会不断发展与城市化人口逐渐增多,居民经济条件越来越好,大众出行使用车辆的次数也在急剧增加。伴随着交通道路上车辆的增加,早高峰、晚高峰拥堵时间的不断延长,交通事故发生率的不断增长,怎样让民众合理地出行对政府相关部门的工作提出了更高的要求。本教材围绕"光谷智慧交通系统"的建设进行编排,在分析具体需求的基础上,进行了系统设计和功能设计,最终基于互联网 GIS 平台提供的二次开发接口实现了一个智慧交通系统,使得大众能够合理规划出行,政府交通部门能够快速处理事故,从而缓解交通出行的拥堵问题。

　　笔者长期从事有关高性能空间计算和互联网 GIS 的理论方法研究、教学和应用开发工作,已有 10 余年的高性能空间计算和互联网 GIS 平台相关科研经验与应用开发基础,这些都为本实践教材的编写打下了扎实的知识基础。本教材由国家自然科学基金(41971356,41701446)资助,从系统背景到需求分析,再到系统的设计和各个功能的具体实现,全书涵盖了互联网 GIS 系统开发各个阶段的关键内容。内容按照实际系统开发流程进行讲解,循序渐进,使读者更容易掌握知识点。同时对重点代码做了注释和讲解,以便于读者更加轻松地学习。

　　本教材面向广大互联网 GIS 系统开发爱好者,内容编排遵循一般学习曲线,由浅入深、循序渐进地介绍了互联网 GIS 系统开发各个环节的相关知识点,内容完整、实用性强,既有详尽的理论阐述,又有丰富的源码解析,使读者能容易、快速、全面地掌握基于 GIS 平台的互联网GIS 系统开发技术。对初学者来说,没有任何门槛,他们可按部就班跟着教材实例编写代码即可。无论是否拥有互联网 GIS 编程经验,都可以借助本教材来系统了解和掌握基于 GIS 平台二次开发 API 的互联网 GIS 系统开发所需的技术知识点,为学习互联网 GIS 原理与方法奠定良好的基础。

　　本教材提供配套的全部示例源码,每个实验对应的源码工程均是独立编写而成,每个工程可以独立运行,可快速查看演示效果与完整源码,可通过微信扫描二维码下载配套数据资源与工程源码。

教材资源:

教材的出版得到中国地质大学出版社的鼎力支持，在此表示诚挚的谢意。同时向教材所涉及参考资料的所有作者表示衷心的感谢。

因笔者水平有限，不足之处在所难免，敬请读者批评指正。

郭明强

2022 年 4 月

目　录

1　智慧交通系统建设背景与意义

1.1　系统背景

智慧交通由智能交通(Intelligent Transport System,简称 ITS)发展而来,ITS 方面的国外研究时间长,先后经历了交通工具导航系统和路线规划引导研究、智能交通概念验证及配套基础技术研究、车与车(V2V)和车与基础设施(V2I)之间的互联互通研究的历程。最原始的 ITS 系统是 1928 年开始使用的交通信号灯。此后 ITS 系统在欧洲、美国和日本逐步发展完善,对其的研究也经历了 3 个阶段:准备阶段(1930—1980 年)、可行性研究阶段(1980—1995 年)和产品实施阶段(1995 年至今)。

1930—1980 年,ITS 的研究主要集中在交通工具导航系统和路线规划引导方面。20 世纪 60 年代末期至 1970 年,电子路线导航系统(Electronic Route Guidance System,简称 ERGS)在美国开始发展,标志着 ITS 的研究走向正轨。

总体而言,美国和日本的 ITS 应用处于行业领先位置,马来西亚集中建设超级走廊利用光纤网络联系大型交通基础设施,新加坡注重建设城市智能交通管理系统提高道路使用率,并且,国外研究智慧交通系统更加偏向于某单项智慧(智能)技术的创新与应用,在整体架构方面的顶层设计较为缺乏。从下而上地完善智慧交通系统的概念并开展建设,会严重落后于实际发展需求。

改革开放以来,我国社会经济发展迅猛,城市化的进程不断推进,交通工具的数量剧增,汽车保有量、使用率快速增加。日益增长的交通需求受限于现有的交通条件,交通基础设施资源与交通需求量产生矛盾。交通发展出现失衡,严重影响市民通行效率,限制了城市公共服务水平的提升。

1.2　系统意义

(1)提供高效决策依据。数据的价值体现在应用上,对数据的分析研判可成为有力的决策依据。一是基于智慧交通管理数据研判,可以让信息从采集到反馈全流程切实有据。二是立足智慧交通管理系统,建立路网多种仿真模型来开展数据清洗、研究和可视化指挥。三是在此基础上还可以开展综合交通数据处理,找到工作线索和管理关键节点,发布预警信息和开展应急工作。

(2)提高交通管理水平。智慧交通管理系统可以实现应急工作部署、机动处置、联合执法处置等目标。一是能搭建一个层级较少、反应较快的扁平化指挥协同处理体系,对交通信息进行实时采集、动态监测。当发生交通拥堵、事故等突发事件时,可快速反应处置。二是完善交通应急处理流程,特别是可以完善突发交通事故、大型交通拥堵及重大交通事故等各类应急预案,在发生突发事件时,能够最快地启动相应预案进行处置。运用大数据分析的应急系统,能够有效调动各个职能部门分工协作、统一指挥、机动调整、及时保障。三是开展现代勤务监督工作。主要是督导路面、卫星、单警三点定位开展虚拟线上巡逻、摄像头巡逻、实地路面巡控等结合的立体勤务机制。

(3)节约能源、保护环境。智能交通管理系统可以实现提高公共交通效率、降低公共交通建设能耗、合理调节高峰及平峰时段停车场和交通节点的使用。

(4)提高市民出行质量。一是缓解交通拥堵。对导致交通流激增的影响因素进行统计分析,设计通行分流方案、预备临停场所、增加区间公交班次等,加大节点交通运输周转率。二是开展交通事故预防工作。标记交通事故频发点位,监控重点车辆和典型交通违法行为,整改安全隐患,从源头上防控交通事故。三是服务群众安全出行。探索试点"互联网＋交通"模式,引入交通管理者和参与者的互动交流,最大限度地方便公众出行。

(5)提升管理服务效能。通过快速分析汇聚的海量数据情况,深入挖掘路网交通信息流状态,将路面通行能力和质量放在首位,让短平快的现代化交通指挥更好地发挥作用。

(6)优化产业结构。依托 5G 技术的发展、大数据应用驱动交通运输行业转型升级。一是车路协同。基于 5G 技术的高速通信条件,车与车、车与路可以随时交流动态信息,建立安全、绿色、高效的道路交通系统。二是边缘计算。使用云服务和 IT 环境服务,在车路协同过程中,高精度地图和区域交通信号、路网交通流等实时数据可以快速交互。三是自动驾驶的发展。自动驾驶指的是在汽车脱离人类直接操作的情况下主要利用人工智能、视频计算、全球定位系统和雷达等共同协作驾驶汽车的技术。大数据应用会让自动驾驶从单车智能走向编队智能。

随着我国经济社会的不断发展与城市化人口数量的逐渐增多,居民经济条件越来越好,大众出行使用车辆的次数也在急剧增加。伴随着交通道路上增加的车辆,早高峰、晚高峰的拥堵时间不断延长,交通事故发生率的不断增长,怎样让民众合理地出行对政府相关部门的工作提出了更高的要求。基于以上的要求,我们开发出一款基于 WebGIS 的智慧交通系统(光谷智慧交通系统),使得大众能够合理规划出行,政府交通部门能够快速处理事故,从而缓解交通拥堵。

2　智慧交通系统需求分析

2.1　功能性需求

智慧交通系统秉承先进的设计理念,依托最前沿的科学技术,设计系统建设时,既要适用于当前阶段需求,也要预留平台发展空间,要选择前瞻性强、操作简捷、性能稳定的产品,同时为了降低成本还要尽量使用主流产品,特别是在同等条件下选择价格更低的国产产品。系统的功能性需求主要涉及以下两个方面:一是有效性、可操作、可扩展性;二是开放性、可靠性和数量庞大的存储要求。

2.2　非功能性需求

(1)提升管理效率。整合交通行业主管部门及其二级机构、相关部门、运输企业的信息,对辖区交通情况了解及时、准确,反应快速,统一指挥调度、应急预警,应急处置事故及灾害。开发应急业务管理、应急资源管理、应急预案等功能,接入运行监测与应急调度中心,实现综合监管、联合救援等。

(2)提高管理精细化水平。交通运行监测涉及对交通基础设施和载运工具的监测,包含对灾害易发路段、重要桥梁、易超载路段、重要景区路段、治超站、客货运场站、机场航站楼、公交站、轨道交通站点、重要港口码头、渡口、区界出入口等基础设施点位的运行监测,对载运工具运行轨迹、车内视频、重要路段车流、超限车辆、路面技术状况、交通阻断等运行信息的监管。业务繁多且非常复杂,需通过智慧交通系统建设,新建和整合各种交通管理信息资源,建立包括公路、水路、道路运输、交通气象、市政停车等为一体的综合智慧交通管理体系,提高重要交通基础设施和载运工具运行状态监测覆盖率,初步实现对综合交通运行信息的全面、动态、智能化监管。

(3)实现基于数据的科学决策。地方交通管理部门和二级机构业务工作各自独立,信息孤岛严重,业务数据应用深度不足。需要整合交通行业主管部门及其二级机构、区相关部门、运输企业的数据资源,建设一个用于各个单位及部门之间数据交换共享的平台,开展数据建模,对交通运行数据进行深入挖掘分析,为日常管理、宏观决策和应急指挥提供辅助支持。

(4)提升公众服务水平。利用GIS、5G、物联网及先进的数据整合技术整合通行信息,通过网站、车载终端、LED广告牌等方式搭建交通出行信息服务的立体的应用体系,为各类出行人员提供路况、票务等交通出行信息服务,实现交通服务信息统一收集、审核、发布并且确保信息及时,准确提升交通综合管理服务能力,满足公众日益丰富的服务需求。

2.3　智慧交通系统功能模块

在实际应用中,交通部门需要对交通事故进行录入、查看、统计、分析,及时发布道路管制、维修等信息,以便给广大市民提供便捷可靠的消息。普通用户可以通过系统查询交通事故及交通部门发布的施工公告,合理规划出行路线。

注意:本教材将发生的不同类型交通事故称为事件,文档中的事件表示一起交通事故。

根据智慧交通管理的实际需求,光谷智慧交通系统主要包括以下功能模块。

(1)用户管理。系统的用户权限分为 3 类:管理员、交通部门、普通用户。管理员拥有系统的最高权限,交通部门拥有除用户管理功能外的其他权限,普通用户拥有基本的系统浏览与交通事件的查询权限。系统初始分配一个管理员账号,管理员通过账号管理所有用户信息,管理员可以添加交通部门用户账号,普通用户使用注册功能成为新用户。所有用户均可登录系统,可以修改账号密码信息。

(2)地图数据。地图默认加载"天地图"矢量地图与影像地图作为底图,初始显示矢量地图,矢量与影像地图可切换显示。在底图的基础上加载光谷智慧交通地图,用于查看道路、居民区、交通事件等信息,管理员与交通部门用户可以查看光谷智慧交通地图的目录结构,对部分图层可以进行显示与隐藏操作。

(3)实时路况。实时路况能实时反映区域内交通拥堵情况,及时地知晓实时路况对交通出行的人群来说是十分必要的,特别是有利于车主用户对出行路线的选择,可让其避开高峰路段,节省时间,安全出行。

(4)查看公告。道路养护、污水处理、管道更新等影响道路通行的事件,通过查看施工公告及时获取信息,合理规划出行路线。

(5)报告路况。车主在驾驶过程中遇到交通事故,可以通过系统报告交通事件,便于交通部门及时更新信息,方便其他车主及时了解事件状况。

(6)视频监控。交通部门通过该系统可以实时查看不同道路的视频监控信息,实时掌握交通运行情况。

(7)事件添加。交通部门根据车主的路况报告或内部信息,将得到的事件信息进行核实,更新至系统中,便于用户查看及交通部门管理。

(8)事件查询。通过关键字信息或区域圈选,获取指定的交通事件,在地图上进行标注并在表格中展示,在此基础上生成热力图或统计图,以便直观地分析事件。

(9)事件更新。交通部门根据事件处理的进度实时更新其状态,方便其他用户通过系统及时了解事件的进展状况。

(10)发布公告。交通道路的部分区域维护时,通过分析获取维护道路可能影响的住户,发布施工公告通知住户,让信息公开透明。

(11)路况信息。展示车主的路况报告信息,对其中的错误或重复的信息进行忽略,将正常的信息提交交通部门内部进行核实,核实成功后将事件添加在地图上。

(12)图层目录。用户管理事件图层,对指定图层可以进行显示与隐藏,方便交通部门查看地图数据。

(13)工具箱。工具箱提供测量长度、测量面积、导出图片等功能。测量保证了用户获取空间距离的便捷性,导出图片可以方便地获取当前用户感兴趣的地图区域。

3 智慧交通系统设计

光谷智慧交通系统以公共地图数据服务、交通事件地图服务、交通路况信息、用户信息相关的业务数据为基础,客户端以 MapGIS_ol_product 为框架,后台结合.NET 体系框架实现,构建了一个涵盖基本地图显示、用户登录、事件录入、事件查询、事件分析及测量等功能的 WebGIS 系统。

3.1 实现模式

光谷智慧交通系统采用 B/S 架构,前端使用技术为 HTML+CSS+JavaScript(MapGIS_ol_product、Jquery、bootstrap 等),后端采用.NET 技术框架。

3.2 系统架构

光谷智慧交通系统的总体架构如图 3-1 所示,主要分为三大部分:前端应用层、后台逻辑层和数据层。

前端应用层:前端应用层加载显示底图、事件图层等相关数据,包括瓦片地图、矢量地图、标注图层等。除此之外,负责 UI 界面的美化、页面交互的处理等。

后台逻辑层:后台逻辑层编写服务接口,接收前端的 Ajax 请求,根据请求信息执行后端逻辑代码,以及与数据库的交互数据处理,将处理完成的结果返回前端。

数据层:地图服务资源使用互联网在线地图与专有的事件地图,数据库主要存储业务相关数据,包括用户、路况、公告等数据。

3.3 功能模块

光谷智慧交通系统提供 3 种权限登录系统,分别为管理员、交通部门和普通用户。不同的权限具有不同的功能模块,在公共模块的基础上 3 种权限有各自独立的功能模块。

管理员:负责添加交通部门账号、管理用户信息,为系统管理者。

交通部门:系统的主要使用者,负责查看视频监控、发布施工公告、记录与更新事件信息等。

普通用户:系统的主要使用者,负责查询交通事件、查看公告信息、报告路况信息等。

根据系统需求分析,在此从交通部门与普通用户使用需求的角度出发,构建一个简单的智慧交通系统,其功能模块划分如图 3-2 所示。

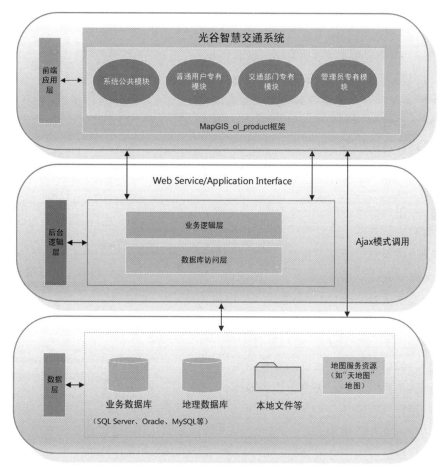

图 3-1　系统体系架构

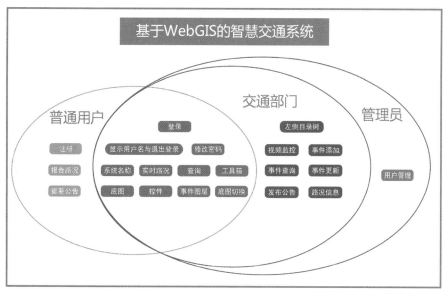

图 3-2　系统功能模块划分

系统的模块组成关系如下。

普通用户:系统公共模块＋普通用户专有模块。

交通部门:系统公共模块＋交通部门专有模块。

管理员:交通部门专有模块＋管理员专有模块。

下面介绍系统的公共模块及每个权限专有的模块。

(1)系统公共模块。

登录:用户登录系统。

显示用户名:登录成功显示登录的用户名。

退出登录:退出系统的登录状态。

修改密码:用户修改密码。

系统名称:显示系统名称。

实时路况:查看实时的路况信息。

查询:关键字查询交通事件。

工具箱:提供测量、导出图片功能。

底图:提供"天地图"底图服务。

控件:提供放大、缩小、复位、鼠标位置控件。

事件图层:加载智慧交通系统的专有图层。

底图切换:切换"天地图"矢量与影像地图。

(2)普通用户专有模块。

注册:注册一个普通用户。

报告路况:报告发生的路况信息。

查看公告:查看交通部门发布的施工公告。

(3)交通部门专有模块。

左侧目录树:加载事件图层的地图文档目录结构。

视频监控:查看交通道路的视频监控。

事件添加:记录交通事件信息。

事件查询:查询交通事件信息。

事件更新:更新交通事件信息。

发布公告:发布道路的施工公告。

路况信息:审核普通用户报告的路况信息并及时处理。

(4)管理员专有模块。

用户管理:添加交通部门账号,管理所有的用户信息。

3.4 数据组织

光谷智慧交通系统设计两大类数据,即几何数据与业务数据。根据该系统的具体应用,分别对这两类数据进行组织设计,数据之间的关联如图 3-3 所示。

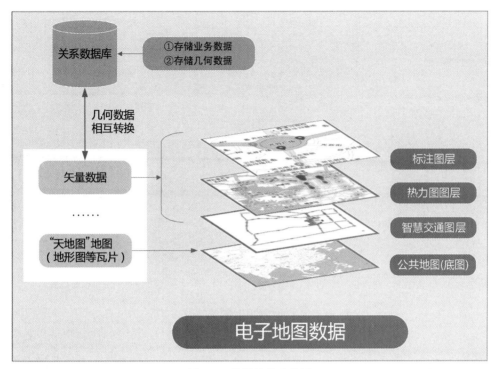

图 3-3 数据关联示意图

（1）地理数据。系统使用"天地图"公共地图作为底图，上层叠加智慧交通图层、热力图图层、标注图层、测量图层等数据。"天地图"地图调用在线的地图服务，智慧交通矢量图层通过 MapGIS IGServer 服务调用，其他图层根据数据实时生成。

（2）业务数据。更加系统的功能需求，其业务数据包含以下内容。

用户信息：存储用户的账号、密码、登录状态等信息，主要实现用户的注册、登录、验证等功能。

事件信息：记录普通用户报告的路况信息，主要实现普通用户向交通部门报告路况、交通部门审核信息。

公告信息：存储交通部门发布的公告信息，提供用户及时了解交通道路的公告信息。

路况信息：存储不同道路的路况信息，提供用户查看实时路况服务。

系统业务数据库使用 SQL Server 关系数据库存储，采用前后端分离设计思想，客户端通过 Ajax 向 .NET 服务端发送数据服务请求，服务端与业务数据库进行交互，将数据结果以 JSON 格式返回给客户端。

3.4.1 数据库 E-R 图

系统数据库设计总体 E-R 图如图 3-4 所示。

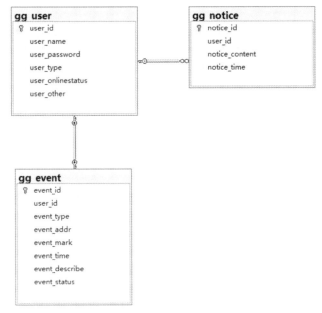

图 3-4　数据库设计总体 E-R 图

3.4.2　数据库表设计

下面详细介绍系统业务数据库的表结构设计。

(1)用户信息表(表 3-1)。

表名:gg_user。

说明:记录用户的账号与密码等信息。

表 3-1　用户信息表

gg_user 表:用户存储系统注册用户信息			
字段	类型	字段说明	键
user_id	int	用户唯一标识	主键、自增
user_name	varchar(50)	用户账号	
user_password	varchar(50)	用户密码	
user_type	varchar(20)	管理员(admin)、交通部门(traffic)、普通用户(common)	
user_onlinestatus	int	0 表示未登录,1 表示已登录	
user_other	int	0 标表示用户已被删除,1 表示用户未被删除	

(2)实时路况表(表 3-2)。

表名:gg_traffic。

说明:记录实时路况的数据信息。

表 3-2　实时路况表

gg_traffic 表：存储实时路况信息			
字段	类型	字段说明	键
traffic_id	int	实时路况表唯一标识	主键、自增
traffic_path	varchar(MAX)	存储 2 个坐标，表示道路的一部分	
traffic_road	varchar(50)	存储该段路所属的道路名称	
traffic_vehicleflow	int	存储该段路中的车辆数据	
traffic_time	datetime	存储时间信息	

（3）事件报告表（表 3-3）。

表名：gg_event。

说明：记录普通用户报告的事件信息。

表 3-3　事件报告表

gg_event 表：存储用户报告的事件信息			
字段	类型	字段说明	键
event_id	int	事件表唯一标识	主键、自增
user_id	int	存储用户 id，作为用户表的外键	外键
event_type	nvarchar(50)	存储事件类型	
event_addr	nvarchar(50)	存储事件发生的具体地址	
event_mark	nvarchar(50)	存储事件发生地址旁边的建筑标识，方便快速确认事件位置	
event_time	datetime	事件发生的时间信息	
event_describe	nvarchar(1000)	事件的描述	
event_status	int	事件的处理状态，0 表示未处理，1、2 表示已处理，1 代表忽略，2 代表通过	

（4）施工公告表（表 3-4）。

表名：gg_notice。

说明：记录交通部门发布的公告信息。

表 3-4　施工公告表

gg_notice 表：存储发布公告的信息			
字段	类型	字段说明	键
notice_id	int	公告表唯一标识	主键、自增
user_id	int	存储用户 id，用于确认哪个交通部门人员发布公告信息	外键
notice_content	nvarchar(1000)	存储公告的信息	
notice_time	datetime	存储公告的发布时间	

4 智慧交通系统功能实现

光谷智慧交通系统以 MapGIS_ol_product 开发库为基础，主要包括交通事件的添加、删除、更新、分析等功能。本系统为 B/S 设计，使用 JavaScript 的客户端方式，结合.NET 开发模式实现。

本系统的开发环境如下。

操作系统：Windows 10。

开发工具：Microsoft Visual Studio 2017。

WebGIS API：OpenLayers5 API、IGS JavaScript API。

数据库：SQL Server 2017。

浏览器：Chrome 91。

系统的客户端使用 JQuery、Bootstrap、ECharts 等 JavaScript 框架，并采用 HTML5 技术，增强系统的用户体验，让客户端的呈现效果更加简洁、美观，交互更加友好。系统的后台数据服务通过一般处理程序＋DataBase.cs（封装的数据库操作类）实现数据库交互，通过 Ajax 技术实现客户端与后台的数据交互，使用 JSON 格式进行数据传输。

根据第 3 章介绍的系统设计方案，采用上述设计进行开发，实现包括系统公共模块、普通用户专有模块、交通部门专有模块、管理员专有模块的系统，管理员登录后的系统主界面如图 4-1 所示。

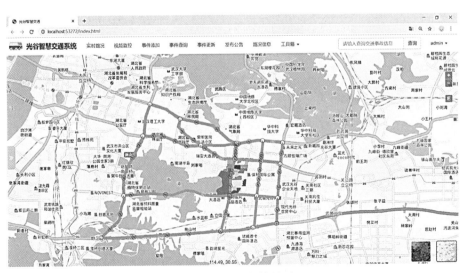

图 4-1 系统功能效果图

本章将详细介绍几个模块实现的基本思路与关键代码。

4.1   框架设计

根据系统的架构设计、功能设计与数据库设计,在集成开发环境(如 VS2017)中进行系统的具体开发。按照该系统的功能模块划分,采用 HTML、JavaScript(JQuery、Bootstrap)、CSS 等前端技术搭建系统主框架,其界面框架设计如图 4-2 所示。

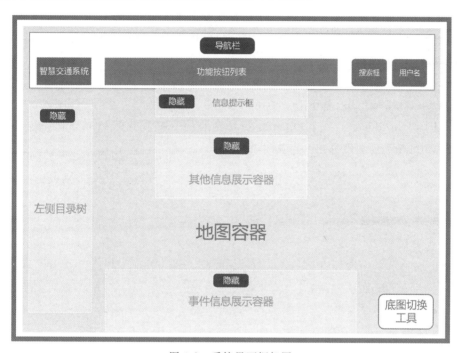

图 4-2   系统界面框架图

4.2   搭建项目框架

(1)在 VS2017 中创建一个项目工程(光谷智慧交通),新建资源目录。项目分为前端与后端两个部分,css、data、images、js、libs、index.html、login.html 属于前端部分,App_Code、Bin、hander、Web.config 属于后端部分,如图 4-3 所示。

每个目录或文件的含义如下。

App_Code:存放 C♯代码。

Bin:存放 C♯引用的服务。

css:存放样式文件。

data:存放数据,如视频数据。

hander:存放一般处理程序。

images:存放图片文件。

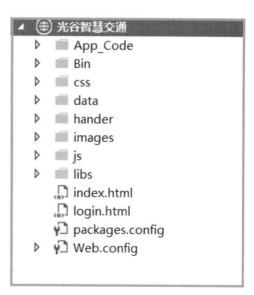

图 4-3   系统目录结构

js：存放 JavaScript 文件。

libs：存放 JavaScript 框架。

index. html：系统的首页。

login. html：系统的登录页面。

Web. config：存放后端配置信息。

（2）项目目录中的 index. html 为系统的主界面，该页面设计按照界面设计图进行搭建，效果如图 4-4 所示。index. html 页面中引用的主要文件如下。

jquery-1. 11. 2. min.js：一个 JavaScript 框架，方便操作 html 元素与样式。

echarts. min.js：统计图表框架。

bootstrap. min. js：包含 HTML、CSS 和 JS 基础框架，用于开发响应式布局。

bootstrap-table. min. js：基于 Bootstrap 的前端表格框架。

MapGIS_ol_product. js：基于 OpenLayers5 封装的 IGS 服务框架。

FileSaver. min. js：文件导出的框架。

图 4-4   index. html 页面效果

上述 index. html 页面主要使用 div 层来搭建和实现框架，其主要结构如图 4-5 所示。"加载进度条"与"弹出 alert 信息框"主要用于 Ajax 请求，分别为请求前的进度条展示与请求后的提示信息。"导航栏"主要用于系统顶部显示功能菜单及其他信息。"地图容器"主要用于显示地图，包含地图中的"鼠标位置""popup 弹出框""底图切换"工具及动态加载的"左侧目录树"。"事件结果表格"用于展示事件查询结束后的事件信息。

具体搭建方法请参见 index. html 源码，在此不再详述。下面将详细介绍光谷智慧交通系统中各个模块的实现方法。

```
··· <!-- 加载进度条 -->
··· <div id="preview">···
··· </div>
··· <!-- 导航栏 -->
··· <nav class="navbar navbar-default" role="navigation">···
··· </nav>
··· <!-- 地图容器 -->
··· <div id="mapCon">
····· <!-- 鼠标位置 -->
····· <div id="mouse-position"></div>
····· <!-- popup弹出框 -->
····· <div id="popup" class="ol-popup">···
····· </div>
····· <!-- 底图切换 -->
····· <div class="maplist">···
····· </div>
··· </div>
··· <!-- 事件结果表格 -->
··· <div id="divShowResult">···
··· </div>
··· <!-- 弹出alert信息框 -->
··· <!-- 成功 -->
··· <div class="col-sm-offset-4 col-sm-4 in hide alert alert-success" role="alert">···
··· </div>
```

图 4-5   index. html 页面设计

4.3   功能模块实现

4.3.1   数据库查询

光谷智慧交通系统的许多功能都会涉及关系数据库中的业务数据,因此关系数据库的查询是本系统中不可或缺的重要部分。

本系统中的数据库查询操作前台统一采用 Ajax 模式请求,即使用 JQuery 的方法发送数据请求;后台则由 main. ashx 统一处理前台发送的查询数据请求,调用 QueryDataBase. cs 中封装的方法进行 SQL 语句统一处理,使用 DataBase. cs 中的方法进行数据库的连接与查询,将查询结果序列化为 JSON 格式返回。

(1)由 main. ashx 统一处理各类查询请求,即由 ProcessRequest 方法根据查询类别处理,如图 4-6 所示。

(2)由 QueryDataBase. cs 作为查询中间层,组织不同查询的 SQL 语句,调用 DataBase. cs 中的数据库连接与查询操作方法,并将结果序列化为 JSON 格式返回,如图 4-7 所示。

(3)数据库表的查询操作最终由 DataBase. cs 实现,使用 C♯提供的 System. Data. SqlClient 命令空间下的类连接数据库并进行查询操作,如图 4-8 所示。

```
main.ashx
  13
  14    public void ProcessRequest(HttpContext context)
  15    {
  16        context.Response.ContentType = "text/plain";
  17        string type = context.Request["type"];
  18        OperateDataBase qdb = new OperateDataBase();
  19        string username = "", password = "", newpassword = "", usertype = "", datetime = "", keyword = "";
  20        int pageSize, pageNumber, userid;
  21        string res = "";
  22        if (!string.IsNullOrEmpty(type))
  23        {
  24            switch (type)
  25            {
  26                case "register":
  27                    username = context.Request["username"];
  28                    password = context.Request["password"];
  29                    usertype = context.Request["usertype"];
  30                    res = qdb.Register(username, password, usertype);
  31                    break;
  32                case "login":
  33                    username = context.Request["username"];
  34                    password = context.Request["password"];
  35                    res = qdb.Login(username, password);
  36                    break;
```

图 4-6　main.ashx 一般处理程序

```
OperateDataBase.cs
  光谷智慧交通                            OperateDataBase                     ModifyPassword(string username, string passwor
  161    /// <summary>
  162    /// 修改密码
  163    /// </summary>
  164    /// <param name="username">用户名</param>
  165    /// <param name="password">旧密码</param>
  166    /// <param name="newpassword">新密码</param>
  167    /// <returns></returns>
  168    public string ModifyPassword(string username, string password, string newpassword)
  169    {
  170        JObject jObj = new JObject(
  171            new JProperty("code", 0),
  172            new JProperty("msg", "修改失败")
  173        );
  174        try
  175        {
  176            string modifySql = string.Format("update gg_user set user_password = '{0}' where user_name =
  177                '{1}' and user_password = '{2}' and user_other = 1", Tools.GetMD5(newpassword), username,
  178                Tools.GetMD5(password));
  177            int rows = dbase.ExecuteDeleteOrUpdate(modifySql);
  178            if (rows > 0)
  179            {
  180                jObj["code"] = 1;
  181                jObj["msg"] = "修改成功";
  182            }
  183            return jObj.ToString();
  184        }
  185        catch (Exception ex)
  186        {
  187            jObj["msg"] = "执行失败";
  188            jObj.Add("error", ex.ToString());
  189            return jObj.ToString();
  190        }
  191    }
```

图 4-7　QueryDataBase.cs 组织查询 SQL 语句

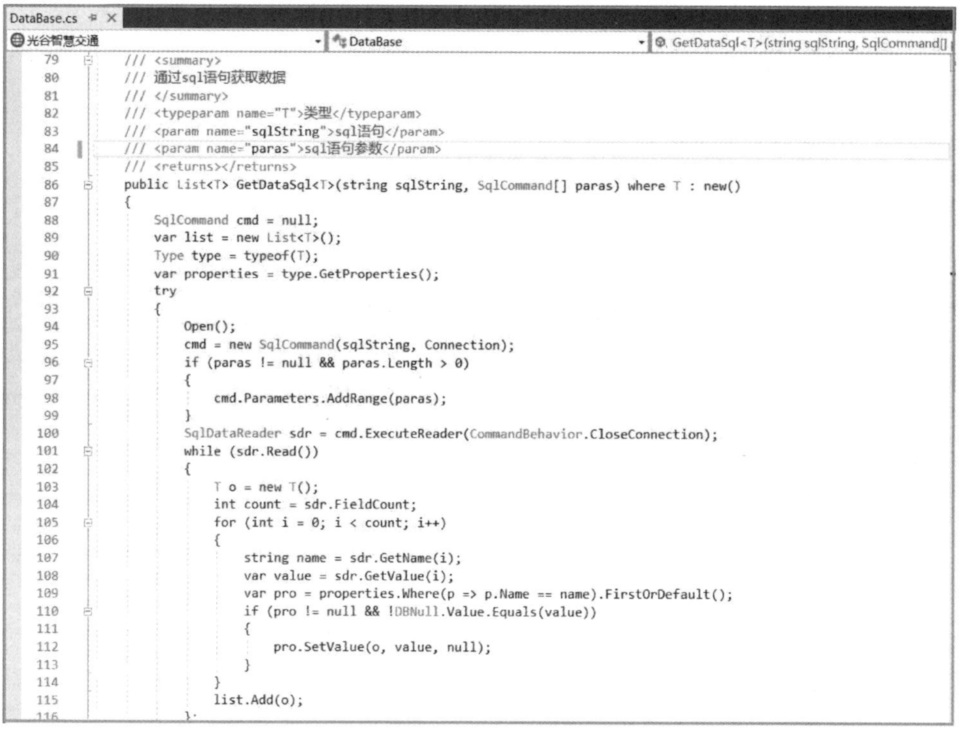

```
DataBase.cs    光谷智慧交通    DataBase    GetDataSql<T>(string sqlString, SqlCommand[]
        /// <summary>
        /// 通过sql语句获取数据
        /// </summary>
        /// <typeparam name="T">类型</typeparam>
        /// <param name="sqlString">sql语句</param>
        /// <param name="paras">sql语句参数</param>
        /// <returns></returns>
        public List<T> GetDataSql<T>(string sqlString, SqlCommand[] paras) where T : new()
        {
            SqlCommand cmd = null;
            var list = new List<T>();
            Type type = typeof(T);
            var properties = type.GetProperties();
            try
            {
                Open();
                cmd = new SqlCommand(sqlString, Connection);
                if (paras != null && paras.Length > 0)
                {
                    cmd.Parameters.AddRange(paras);
                }
                SqlDataReader sdr = cmd.ExecuteReader(CommandBehavior.CloseConnection);
                while (sdr.Read())
                {
                    T o = new T();
                    int count = sdr.FieldCount;
                    for (int i = 0; i < count; i++)
                    {
                        string name = sdr.GetName(i);
                        var value = sdr.GetValue(i);
                        var pro = properties.Where(p => p.Name == name).FirstOrDefault();
                        if (pro != null && !DBNull.Value.Equals(value))
                        {
                            pro.SetValue(o, value, null);
                        }
                    }
                    list.Add(o);
```

图 4-8 DataBase.cs 中数据库查询操作

4.3.2 基本功能

光谷智慧交通系统以地图作为载体，进行多种业务逻辑的处理，因此地图容器是系统的基础。程序开始时初始化地图容器，“天地图”服务、事件图层、控件等内容依次加入地图容器，激活地图的整个功能。通过设置地图容器 div 的 id、地图投影、地图中心点等参数初始化地图，核心部分如程序代码 4-1 所示。

程序代码 4-1 初始化地图

```
//初始化地图
map = new ol.Map({
    layers: [imgLayergroup, vecLayergroup],
    target: 'mapCon',
    view: new ol.View({
        projection: "EPSG:4326",
        center: center,
        maxZoom: 18,
        minZoom: 1,
        zoom: 13
    }),
```

```
//加载控件到地图容器中
controls：ol. control. defaults({//地图中默认控件
    / *  @type {ol. control. Attribution}  */
    attributionOptions：({
        //地图数据源信息控件是否可收缩，默认为 true
        collapsible：true
    })
}). extend([mousePositionControl，new ol. control. ZoomToExtent({
    extent：extent
})，new ol. control. ScaleLine({
    //设置比例尺单位，degrees、imperial、us、nautical、metric(度量单位)
    units："metric"
})
])
});
```

4.3.3　系统公共模块

系统公共模块主要是作为系统的基础功能，不同用户都拥有这些功能的使用权限，下面将详细介绍。

4.3.3.1　登录

进入首页时，系统会验证用户是否处于登录状态，若没有，则跳转至登录页面，用户通过输入账号和密码登录系统，如图 4-9 所示。

图 4-9　系统登录页面

用户输入账号与密码,当输入为空时,提示用户输入信息,验证输入信息不为空时,使用 Ajax 发送登录请求,请求成功后,跳转至首页,核心内容如程序代码 4-2 所示。

程序代码 4-2　用户登录

```
/ * *
 * 用户登录
 * /
function login(){
    var username = $("#login-name").val().trim();
    var password = $("#login-password").val().trim();
    if (username === "") {
        openMessage("warning", "警告!", "账号为空");
        $("#login-name").focus();
        return;
    } else if (password === "") {
        openMessage("warning", "警告!", "密码为空");
        $("#login-password").focus();
        return;
    }
    startPressBar();
    $.ajax({
        type: "POST",
        url: "../../hander/main.ashx",
        data: { type: "login", username: username, password: password},
        context: document.body,
        success: function (data) {
            stopPressBar();
            var data = JSON.parse(data);
            if (data.code === 1) {
                localStorage.setItem("username", username);
                localStorage.setItem("auth", data.list[0].usertype);
                localStorage.setItem("userid", data.list[0].userid);
                var rememberPwd = $("#remember-pwd").prop("checked");
                if (rememberPwd) {
                    localStorage.setItem("password", password);
                } else {
                    localStorage.setItem("password", "");
```

```
        }
        localStorage. setItem("rememberPwd"，rememberPwd);
        // document. querySelector(". login form"). reset();
        window. location. href = "index. html";
    } else {
        openMessage("warning"，"警告!"，data. msg);
    }
},
error：function (e) {
    stopPressBar();
    openMessage("danger"，"失败!"，e. responseText);
    }
});
}
```

代码说明:将请求类型、用户名、密码通过 Ajax 发送至后台,后台拼接 SQL 语句,验证用户名、密码与数据库中数据一致,返回成功信息。前端将返回数据中的用户 id、用户名、用户类型存储在浏览器端,提供给系统其他方面使用。用户在登录时勾选"请记住我"选项,在登录成功后将密码与勾选状态存储在浏览器端。必要的信息整理完毕,页面跳转至系统首页。

4. 3. 3. 2 修改密码

用户需要修改密码时,进入登录页面,点击"注册"进入注册页,输入账号、旧密码、新密码进行修改,如图 4-10 所示。

图 4-10 修改密码

　　用户输入账号、旧密码、新密码，当输入为空时，提示用户输入信息，验证输入信息不为空时，使用 Ajax 发送修改请求，请求成功后，显示登录面板，核心内容如程序代码 4-3 所示。

程序代码 4-3　修改密码

```
/ * *
 * 修改密码
 */
function modifypwd() {
    var username = $("#modifypwd-name").val().trim();
    var password = $("#modifypwd-password").val().trim();
    var newpassword = $("#modifypwd-newpassword").val().trim();
    if (username === "") {
        openMessage("warning", "警告!", "账号为空");
        $("#modifypwd-name").focus();
        return;
    } else if (password === "") {
        openMessage("warning", "警告!", "旧密码为空");
        $("#modifypwd-password").focus();
        return;
    } else if (newpassword === "") {
        openMessage("warning", "警告!", "新密码为空");
        $("#modifypwd-newpassword").focus();
        return;
    }
    startPressBar();
    $.ajax({
        type: "POST",
        url: "../../hander/main.ashx",
        data: { type: "modifypwd", username: username, password: password, newpassword: newpassword},
        context: document.body,
        success: function (data) {
            stopPressBar();
            var data = JSON.parse(data);
            if (data.code === 1) {
                openMessage("success", "恭喜!", data.msg);
                // 显示登录面板
```

```
            showLogin();
            // 重置修改密码表单
            document.querySelector(".modifypwd form").reset();
        }
    },
    error: function (e) {
        stopPressBar();
        openMessage("danger", "警告!", e.responseText);
    }
});
}
```

4.3.3.3　显示用户名

登录成功后,用户名将显示在系统导航栏的右上角,如图 4-11 所示。

图 4-11　显示用户名

4.3.3.4　退出登录

用户在登录状态时点击"退出登录"即可退出系统。若成功,则跳转至登录页面;若没有成功,则继续在系统的首页,如图 4-12 所示。

点击"退出登录"时获取用户登录名,发送 Ajax 请求执行退出登录操作,核心内容如程序代码 4-4 所示。

图 4-12 退出登录

程序代码 4-4 退出登录

```
// 退出登录
$(document).on("click", ".quit－login", function (e) {
    var username = $(".login－name").text().trim();
    startPressBar();
    $.ajax({
        url: "../../hander/main.ashx",
        type: "post",
        data: { type: "quitLogin", username: username },
        success: function (data) {
            stopPressBar();
            data = JSON.parse(data);
            if (data.code == 1) {
                loginPage();
            } else {
                openMessage("danger", "失败!", data.msg);
            }
        },
        error: function (e) {
            stopPressBar();
            openMessage("danger", "失败!", e.responseText);
        }
    });
});
```

4.3.3.5　系统名称

系统首页的导航栏左侧显示系统名称。本系统名称为"光谷智慧交通系统",详细内容可查看图 4-4。

4.3.3.6　实时路况

点击"实时路况"按钮获取当前路况信息数据。OpenLayers5 的矢量图层将数据渲染在地图上显示,如图 4-13 所示。

图 4-13　实时路况

将请求类型与时间信息通过 Ajax 发送至后台,后台通过查询数据库获取实时路况的数据,使用 OpenLayers5 的矢量图层绘制实时路况的线数据,核心内容如程序代码 4-5 所示。

程序代码 4-5　实时路况

```
/ *
 * 实时路况:业务数据库查询交通数据,通过矢量要素在地图上展示结果
 * /
function queryFlowFromSQL() {
    startPressBar();
    $.ajax({
        type:"POST",
        url:"../../hander/main.ashx",
        data:{ type:"queryflow", time:"2018-12-08 08:30" },
        context:document.body,
        success:function (data) {
```

```javascript
stopPressBar();
var data = JSON.parse(data);
var list = data.list;
if (data.code === 1 && list.length > 0) {
    var lins = [];
    for (var i = 0, len = list.length; i < len; i++) {
        var path = list[i].path;
        var flow = +list[i].vehicleflow;
        //创建一个线
        var line = new ol.Feature({
            geometry: new ol.geom.LineString([[+path.split(",")[0], +path.split(",")[1]], [+path.split(",")[2], +path.split(",")[3]]])
        });
        var color = "rgb(34,139,34)";
        //(500-1000 为绿色;1000-1500 为黄色;1500-2000 为红色)
        if (flow < 1000) {
            color = "rgb(34,139,34)";
        }
        else if (flow >= 1000 && flow < 1500) {
            color = "rgb(255,127,36)";
        }
        else if (flow >= 1500 && flow < 2000) {
            color = "rgb(178,34,34)";
        }
        //设置线的样式
        line.setStyle(new ol.style.Style({
            //边线颜色
            stroke: new ol.style.Stroke({
                color: color,
                lineJoin: "square",
                //lineJoin: "miter",//round 或 miter
                width: 6
            })
        }));
        lins.push(line);
    }
```

```
        if (flowsource == null) {
            flowsource = new ol. source. Vector({
                wrapX：false
            });
            //创建一个图层
            var flowlayer = new ol. layer. Vector({
                source：flowsource
            });
            //将绘制层添加到地图容器中
            map. addLayer(flowlayer);
        } else {
            flowsource. clear();
        }
        flowsource. addFeatures(lins);
    }
    else {
        openMessage("danger"，"哎呀!"，"数据请求失败");
    }
},
error：function (e) {
    stopPressBar();
    openMessage("danger"，"哎呀!"，e. responseText);
}
})
}
```

代码说明：通过 Ajax 获取的路况数据，将路况数据按照车流量的大小进行分类，不同区间的车流量对应不同的线颜色，通过循环生成线要素数组，将线要素数据添加至矢量线图层并在地图中显示。

4.3.3.7 查询

查询框输入关键字，查询事件信息，将查询到的结果数据以标注的形式添加在地图上，点标注展示详细信息，如图 4-14 所示。

注意：用户权限不同，查询到的结果不相同，普通用户无法查询到事件的车牌号、车主等隐私信息。

根据不同权限的用户拼接不同的查询语句，创建地图文档的要素查询服务对象，指定地图文档中要查询图层的索引，核心内容如程序代码 4-6 所示。

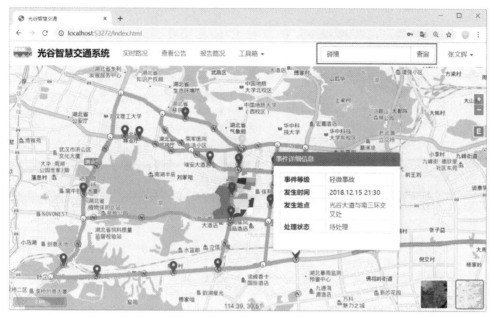

图 4-14 输入框查询事件

程序代码 4-6 地图文档要素查询

```
/* *
 * 通过关键字进行事件查询
 * @param {string} keyword 查询的关键字
 * @param {string} type 用户权限类型
 */
function eventQueryByKeyword(keyword,type) {
    //初始化查询结构对象,设置查询结构包含几何信息
    var queryStruct = new Zondy. Service. QueryFeatureStruct();
    queryStruct. IncludeGeometry = true;
    //实例化查询参数对象
    var queryParam = new Zondy. Service. QueryParameter({
        resultFormat:"json",
        struct:queryStruct
    });
    //设置查询分页号
    queryParam. pageIndex = 0;
    //设置查询要素数目
    queryParam. recordNumber = 1000;
    var condition;
    if (type == "common") {
```

```
        condition = "处理状态！= 2 AND (事件类型 LIKE '%" + keyword + "%
' OR 发生地点 LIKE '%" + keyword + "%')";
    } else {
        condition = "发生地点 LIKE '%" + keyword + "%' OR 事件类型 LIKE '%"
+ keyword + "%'";
    }
    queryParam. where = condition;
    //实例化地图文档查询服务对象
    var queryService = new Zondy. Service. QueryDocFeature(queryParam, docname,
3, {
        ip：ip,
        port：port
    });
    startPressBar();
    //执行查询操作,querySuccess 为查询回调函数
    if (type == "common") {
        queryService. query(eventQuerySuccessByCommon, eventQueryVecLayerEr-
ror);
    } else {
        queryService. query(eventQueryVecLayerSuccess, eventQueryVecLayerEr-
ror);
    }
}
```

代码说明：实例化查询参数对象,指定返回数据类型为 JSON 格式,查询结果包含几何信息,设置查询的分页号与要素数据,拼接查询字符串。实例化地图文档查询服务对象,设置查询参数对象、地图文档名称、查询图层索引,执行查询。

查询成功后返回结果对象,解析结果对象数据,将解析到的点要素添加在地图上,核心内容如程序代码 4-7 所示。

程序代码 4-7　地图文档要素查询回调函数

```
/ * *
 * 普通用户通过关键字查询事件成功的回调函数
 * @param {object} result 查询成功的结果对象
 * /
function eventQuerySuccessByCommon(result) {
    //关闭进度条
```

```
stopPressBar();
stopEventQueryVecLayerByCircle();
if (result. SFEleArray && result. SFEleArray. length > 0) {
    if (labelSource == null) {
        //矢量标注的数据源
        labelSource = new ol. source. Vector();
        var ciecleVector = new ol. layer. Vector({
            source: labelSource,
            style: new ol. style. Style({
                //填充色
                fill: new ol. style. Fill({
                    color: 'rgba(255, 255, 255, 0.2)'
                }),
                //边线样式
                stroke: new ol. style. Stroke({
                    color: '#ffcc33',
                    width: 2
                })
            })
        });
        map. addLayer(ciecleVector);
    }
    var features = [], tempArr = [1, 2, 3, 4, 7];
    for (var i = 0; i < result. SFEleArray. length; i++) {
        var sfele = result. SFEleArray[i];
        var bound = sfele. bound;
        if (bound ! = undefined) {
            var labelposition = [(bound. xmin + bound. xmax) / 2, (bound.
ymin + bound. ymax) / 2];
            var infojson = creatJsonInfo(result. AttStruct. FldName, sfele. At-
tValue, tempArr);
            //实例化 Vector 要素,通过矢量图层添加到地图容器中
            var iconFeature = new ol. Feature({
                geometry: new ol. geom. Point(labelposition),
                info: infojson
```

```
        });
        // 事件处理状态
        var status = result. SFEleArray[i]. AttValue[7];
        iconFeature. setStyle(new ol. style. Style({
            / * * {olx. style. IconOptions}类型 * /
            image：new ol. style. Icon(
                ({
                    anchor：[0.5，1],
                    anchorOrigin：'top－right',
                    anchorXUnits：'fraction',
                    anchorYUnits：'fraction',
                    // src：'../../images/jamevent－icon. png'
                    src：'../../images/mapicon/label/' + status + '. png'
                })
            )
        }));
        features. push(iconFeature);
    }
}
labelSource. addFeatures(features);
map. un("click", labelLayerClickCallback);
map. on("click", labelLayerClickCallback);
} else {
    openMessage("danger", "哎呀!", "没有查询到内容");
}
}
```

代码说明：创建一个矢量图层添加到地图中，作为标注要素的容器。遍历查询结果对象，根据处理状态生成不同样式的标注，将标注要素添加到已准备好的矢量图层容器中。在地图中注册点击事件，当点击标注要素时弹出该标注的详细信息。

4.3.3.8　工具箱

工具箱中放置了地图系统经常使用的工具，如测量距离、测量面积、关闭测量、导出图片功能，目的是让用户更加便捷地使用系统，如图 4-15 所示。

在地图上任意点击两个及以上的点，将这些点依次连接绘制为一条线，测量该线的距离，如图 4-16 所示。

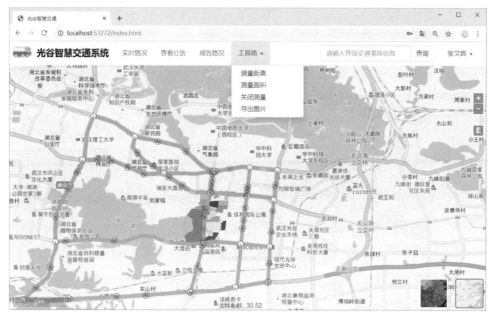

图 4-15 工具箱

图 4-16 测量距离

测量距离的核心内容如程序代码 4-8 所示。

程序代码 4-8 测量距离

```
/ * *
* 测量距离输出
* @param {ol. geom. LineString} line 线几何对象
```

```
*/
function formatLength(line) {
    //定义一个球对象
    var wgs84Sphere = new ol.Sphere(6378137);
    var length = wgs84Sphere.getLength(line, {
        projection:"EPSG:4326"
    });
    var output;
    if (length > 100) {
        //换算成 km 单位
        output = (Math.round(length / 1000 * 100) / 100) + " + 'km';
    } else {
        //m 为单位
        output = (Math.round(length * 100) / 100) + " + 'm';
    }
    //返回线的长度
    return output;
};
```

代码说明:创建一个球体对象,调用该球体对象获取长度的方法,传递一个线几何对象与包含投影坐标系参数的对象,得到该线几何对象的长度数值。

在地图上任意点击 3 个及以上的点,将这些点依次连接并进行首尾闭合绘制为一个多边形,测量该多边形的面积大小,如图 4-17 所示。

图 4-17　测量面积

测量面积的核心内容如程序代码 4-9 所示。

程序代码 4-9　测量面积

```
/* *
 * 测量面积输出
 * @param {ol. geom. Polygon} polygon 多边形几何对象
 */
function formatArea(polygon) {
    //定义一个球对象
    var wgs84Sphere = new ol. Sphere();
    //获取面积
    var area = wgs84Sphere. getArea(polygon, {
        projection: "EPSG:4326"
    });
    var output;
    if (area > 10000) {
        //换算成 km 单位
        output = (Math. round(area / 1000000 * 100) / 100) + " + 'km<sup>2</sup>';
    } else {
        //m 为单位
        output = (Math. round(area * 100) / 100) + " + 'm<sup>2</sup>';
    }
    //返回多边形的面积
    return output;
};
```

代码说明：创建一个球体对象，调用该球体对象获取面积的方法，传递一个多边形几何对象与包含投影坐标系参数的对象，得到该多边形几何对象的面积数值。

点击"导出图片"按钮，将当前地图作为一张图片下载，核心内容如程序代码 4-10 所示。

程序代码 4-10　导出图片

```
map. once('postcompose', function (event) {
    var canvas = event. context. canvas;
    if (navigator. msSaveBlob) {
        navigator. msSaveBlob(canvas. msToBlob(), 'map. png');
    } else {
        canvas. toBlob(function (blob) {
            saveAs(blob, 'map. png');
```

```
        });
    }
});
map. renderSync();
```

代码说明:地图注册"postcompose"事件,该事件是在所有图层被渲染后触发,事件回调函数中使用 FileSaver. min. js 框架的 saveAs 方法将图片导出。执行 map. renderSync()这行代码,以同步方式立即渲染当前地图,触发注册的"postcompose"事件。

4.3.3.9 底图

将天地图矢量图层、矢量注记图层、影像图层、影像注记图层作为地图的底图,其中矢量图层与矢量注记图层组成一个图层组,影像与影像注记图层组成一个图层组,核心内容如程序代码 4-11 所示。

程序代码 4-11　底图

```
//初始化天地图矢量图层
var layer_vec = new ol. layer. Tile({
    title: "天地图矢量图层",
    source: new ol. source. XYZ({
        url: "http://t{0-7}. tianditu. gov. cn/DataServer? T=vec_c&x={x}&y={y}&l={z}&tk=" + tdtKey,
        crossOrigin: "anonymous",
        projection: "EPSG:4326",
        maxZoom: 18,
        minZoom: 1,
        wrapX: false
    })
});
//初始化天地图矢量注记图层
var layer_cva = new ol. layer. Tile({
    title: "天地图矢量注记图层",
    source: new ol. source. XYZ({
        url: "http://t{0-7}. tianditu. gov. cn/DataServer? T=cva_c&x={x}&y={y}&l={z}&tk=" + tdtKey,
        crossOrigin: "anonymous",
        projection: "EPSG:4326",
        maxZoom: 18,
        minZoom: 1,
        wrapX: false
```

```
        })
    });
    //初始化天地图影像图层
    var layer_img = new ol. layer. Tile({
        title："天地图影像图层"，
        source：new ol. source. XYZ({
            url："http://t{0—7}. tianditu. gov. cn/DataServer? T=img_c&x={x}&y=
{y}&l={z}&tk=" + tdtKey,
            crossOrigin："anonymous"，
            projection："EPSG:4326"，
            maxZoom：18，
            minZoom：1，
            wrapX：false
        })
    });
    //初始化天地图影像注记图层
    var layer_cia = new ol. layer. Tile({
        title："天地图影像注记图层"，
        source：new ol. source. XYZ({
            url："http://t{0—7}. tianditu. gov. cn/DataServer? T=cia_c&x={x}&y=
{y}&l={z}&tk=" + tdtKey,
            crossOrigin："anonymous"，
            projection："EPSG:4326"，
            maxZoom：18，
            minZoom：1，
            wrapX：false
        })
    });
    // 影像+注记图层组
    var imgLayergroup = new ol. layer. Group({
        layers：[
            layer_img,
            layer_cia
        ],
        visible：false

    });
```

```
// 矢量＋注记图层组
var vecLayergroup = new ol.layer.Group({
    layers：[
        layer_vec,
        layer_cva
    ]
});
```

代码说明：创建图层部分以天地图矢量图层为例进行说明，创建一个瓦片类型的图层对象，该图层对象包含标题与数据源参数，数据源参数中创建一个 xyz 格式的数据源对象，该数据源对象包含天地图 url 参数、投影坐标系、最大缩放级别、最小缩放级别等信息。将创建的矢量图层对象与矢量注记图层对象通过 ol.layer.Group 类进行组合，形成一个图层，影像图层对象与影像注记图层对象同理。

4.3.3.10　控件

控件是地图上负责与地图交互的 UI 元素。本系统中用到的控件有放大、缩小、复位、鼠标位置，如图 4-18 所示。

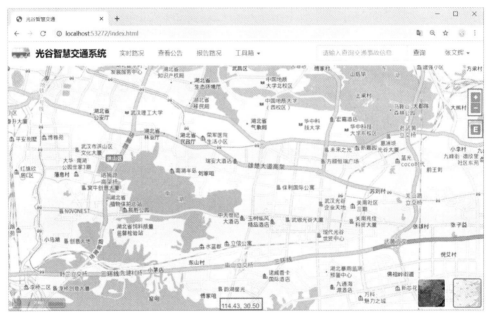

图 4-18　控件

放大、缩小控件为框架默认添加，鼠标控件对象创建如程序代码 4-12 所示，控件(包含复位控件)添加到地图中的方法如程序代码 4-1 所示。

程序代码 4-12　鼠标控件

```
//实例化鼠标位置控件(MousePosition)
var mousePositionControl = new ol.control.MousePosition({
```

```
//坐标格式
coordinateFormat：ol. coordinate. createStringXY(2)，
//地图投影坐标系(若未设置,则输出为默认投影坐标系下的坐标)
projection："EPSG：4326"，
//坐标信息显示样式类名,默认是'ol－mouse－position'
className：'custom－mouse－position'，
//显示鼠标位置信息的目标容器
target：document. getElementById('mouse－position')，
//未定义坐标的标记
undefinedHTML："
});
```

4.3.3.11　事件图层

事件图层是指"光谷智慧交通"地图文档,其中包含居民区、武汉光谷道路、摄像头、事件 4 个图层。该地图文档独立显示时如图 4-19 所示。通过 addMapdoc 方法将其添加到地图中,如程序代码 4-13 所示。

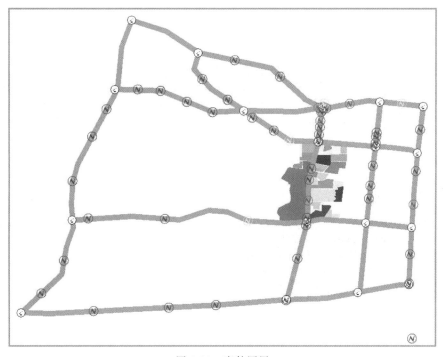

图 4-19　事件图层

程序代码 4-13　添加地图文档

```
/ * *
 * 地图中添加地图文档
 * @param {string} docname 地图文档名称
```

```
*/
function addMapdoc(docname) {
    mapdocLayer = new Zondy. Map. Doc(docname, docname, {
        //设置 GIS 数据服务器 IP
        ip: ip,
        //设置端口号
        port: port,
        //允许跨越
        crossOrigin: "anonymous"
    });
    map. addLayer(mapdocLayer);
}
```

4.3.3.12 底图切换

通过右下角的底图切换工具，对地图中的矢量底图与影像底图进行切换，切换为影像底图的效果如图 4-20 所示。

图 4-20　切换为影像底图

切换的核心内容如程序代码 4-14 所示。

程序代码 4-14　底图切换

```
// 矢量图层组与影像图层组初始样式设置
$("#vecmap").css("border-color", "rgba(33, 150, 243)");
$("#imgmap").css("border-color", "rgba(255, 255, 255)");
// 矢量图层组与影像图层组切换
```

```
$('#vecmap').bind('click', function () {
    vecLayergroup.setVisible(true);
    imgLayergroup.setVisible(false);
    $("#vecmap").css("border-color", "rgba(33, 150, 243)");
    $("#imgmap").css("border-color", "rgba(255, 255, 255)");
});
$('#imgmap').bind('click', function () {
    vecLayergroup.setVisible(false);
    imgLayergroup.setVisible(true);
    $("#vecmap").css("border-color", "rgba(255, 255, 255)");
    $("#imgmap").css("border-color", "rgba(33, 150, 243)");
});
```

代码说明:在切换底图的 div 元素上注册点击事件,触发时使用图层组对象调用 setVisible 方法设置显示与隐藏,参数为 false 隐藏图层组图层,参数为 true 显示图层组图层。

4.3.4　普通用户专有模块

普通用户专有模块是提供给普通用户使用的功能,交通部门与管理员不具有使用该功能的权限,下面将介绍这些功能模块的详细内容。

4.3.4.1　注册

普通用户使用系统需要先注册一个账号,用已注册账号登录系统,应用系统的各项功能。在登录页面点击"注册"即可切换至注册面板,用户通过输入账号和密码进行注册,如图 4-21 所示。

图 4-21　注册

注册的核心内容如程序代码 4-15 所示。

程序代码 4-15　注册

```
/* *
 * 用户注册
 */
function register() {
    var username = $("#register-name").val().trim();
    var password = $("#register-password").val().trim();
    if (username === "") {
        openMessage("warning", "警告!", "账号为空");
        $("#register-name").focus();
        return;
    } else if (password === "") {
        openMessage("warning", "警告!", "密码为空");
        $("#register-password").focus();
        return;
    }
    startPressBar();
    $.ajax({
        type: "POST",
        url: "../../hander/main.ashx",
        data: { type: "register", username: username, password: password, user-
type: "common" },
        context: document.body,
        success: function (data) {
            stopPressBar();
            var data = JSON.parse(data);
            if (data.code === 1) {
                openMessage("success", "成功!", data.msg);
                // 显示登录面板
                showLogin();
                // 重置注册表单
                document.querySelector(".register form").reset();
            }
        },
        error: function (e) {
```

```
        stopPressBar();
        openMessage("danger","失败!",e.responseText);
        }
    });
}
```

代码说明：获取用户输入的账号与密码，如果账号与密码为空，则提示用户输入；如果账号与密码不为空，则通过 Ajax 提交注册的用户信息到后台。如果数据库中没有此用户，则后台程序执行 SQL 语句添加用户信息到数据库中，成功后返回到前端，前端切换至登录面板并重置注册表单。

4.3.4.2　报告路况

使用场景为用户行车过程，发现前方有道路交通事故，可以通过系统对事故进行简单描述并上报，如图 4-22 所示。

图 4-22　报告路况

路况报告成功后会在路况信息中展示，报告路况的核心内容如程序代码 4-16 所示。

程序代码 4-16　报告路况

```
$(document).on("click","#reportRoadInfo .btn－primary",function(e){
    var roadinfoAddr = $("#roadinfo－addr").val();
    if($.trim(roadinfoAddr) == ""){
        openMessage("warning","注意!","事件地址不能为空");
        $("#roadinfo－addr").focus();
```

```
        return;
    }
    var formData = getFormData("reportRoadInfoForm");
    formData["roadinfo-time"] = formData["roadinfo-time"].replace(/T/g, " ");
    formData["userId"] = localStorage.getItem("userid");
    formData["type"] = "reportRoadInfo";
    startPressBar();
    $.ajax({
        url: "hander/main.ashx",
        type: "post",
        data: formData,
        success: function (data) {
            stopPressBar();
            var data = JSON.parse(data);
            if (data.code == 1) {
                $("#reportRoadInfo").modal("hide");
                openMessage("success", "成功!", data.msg);
            } else {
                openMessage("danger", "失败!", data.msg);
            }
        },
        error: function (e) {
            stopPressBar();
            openMessage("danger", "失败!", e.responseText);
        }
    });
});
```

代码说明:报告路况中的事件类型、事件地址、事件时间为必填项,事件类型与事件时间程序会自动填充,只需要修改即可,事件地址不能为空。填写完成表单,获取表单提交数据并添加用户 id 参数,关联该路况报告的用户,表单数据整理完成提交后台存入数据库。

4.3.4.3 查看公告

交通部门发布公告后,普通用户可以通过"查看公告"菜单查看发布的最新公告信息,了解交通道路管制、维护的情况,及时规划出行线路,发布信息如图 4-23 所示。

图 4-23　查看公告

查看公告的核心内容如下。

```
$('#showNotice').on('show.bs.modal', function () {
    startPressBar();
    $.ajax({
        url: "../../hander/main.ashx",
        type: "post",
        data: { type: "getNotice" },
        success: function (data) {
            stopPressBar();
            data = JSON.parse(data);
            if (data.code == 1) {
                var html = "<div class='mb15'><strong>公告发布时间</
strong>:"+data.list[0].noticeTime+"</div>"+
                    "<div><strong>公告发布内容</strong>:" + data.list
[0].noticeContent +"</div>";
                $("#showNotice .modal-body").html(html);
            } else {
                openMessage("danger", "失败!", data.msg);
            }
        },
        error: function (e) {
```

```
            stopPressBar();
            openMessage("danger", "失败!", e. responseText);
        }
    });
});
```

代码说明:通过 Ajax 请求施工公告的最新一条数据,将请求成功的数据通过模态框的形式展示出来。

4.3.5　交通部门专有模块

交通部门专有模块是提供交通部门用户使用的功能,普通用户不具有使用该功能的权限,交通部门是管理员的子集,所以管理员拥有交通部门所有的功能模块使用权限,下面将介绍这些功能模块的详细内容。

4.3.5.1　左侧目录树

左侧目录树是加载事件图层时动态生成的,通过地图文档获取地图目录,使用地图目录获取图层目录,逐级生成目录结构,如图 4-24 所示。

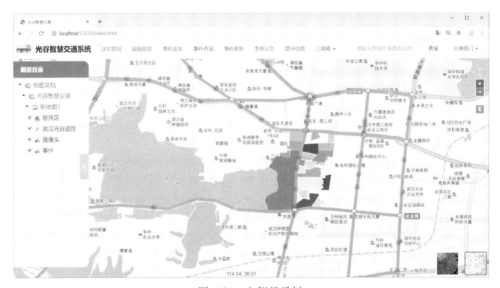

图 4-24　左侧目录树

左侧目录树的核心内容如程序代码 4-17 所示。

程序代码 4-17　左侧目录树

```
/**
 * 初始化图层树
 * @param {String} docname 地图文档名称
 */
function initLayerTree(docname) {
```

```
        var html = '<div class="container_left">' +
                '<div class="container_left_title">' +
                    '<label>图层目录</label>' +
                    '<div class="menu-trigger off"></div>' +
                '</div>' +
                '<div class="container_left_content"></div>' +
            '</div>';
        $("#mapCon").append(html);
        //实例化 Zondy.Service.Catalog.MapDoc 类
        var mapService = new Zondy.Service.GetMapInfoService({
            //设置 GIS 数据服务器 IP
            ip：ip,
            //设置端口号
            port：port,
            //地图的名称
            mapName：docname
        });
        //调用 getMapInfo 函数,获取地图相关信息,getMapInfoSuccess 为回调函数
        mapService.GetMapInfo(getMapInfoSuccess);
}
/**
 * 获取地图信息成功回调函数
 * @param {object} data 包含地图文档数据的对象
 */
function getMapInfoSuccess(data) {
    if ($(".container_left_content").length > 0) {
        $(".container_left_content").empty();
    }
    if (data != null) {
        var wsDocTitleStr = '<ul  class="ful">' +
            '<li class="wsDocLi">' +
            '<div>' +
            '<a href="javascript:void(0);" onclick="changeState()">' +
            '<span class="open treebtn"></span>' +
            '<img src="images/mapicon/mapDoc.png">' +
            '<span class="ftext">地图文档</span>' +
```

```
                   '</a>' +
                   '</div>' +
                   '<ul class="ful wsDocName">' +
                   '<li class="wsDocNameLi">' +
                   '<div class="fla">' +
                   '<a href="javascript:void(0);" onclick="getMapInfos(\' + data. name
+ '\')">' +
                   '<span class="close treebtn"></span>' +
                   '<img src="images/mapicon/mapDoc.png">' +
                   '<span class="ftext">' + data. name + '</span>' +
                   '</a>' +
                   '</div>' +
                   '<li>' +
                   '</ul>' +
                   '</li>' +
                   '</ul>';
               $(". container_left_content"). append(wsDocTitleStr);
          }
      }
```

代码说明：第一步，准备一个目录树的 div 容器；第二步，获取文档信息生成地图文档目录；第三步，点击地图文档目录时获取地图目录结构，生成地图目录；第四步，点击地图目录时获取图层的目录结构，生成图层目录。其中，第三步和第四步原理与第二步类似，此处省略代码。

4.3.5.2 视频监控

交通道路的视频监控可以有效地预防和发现道路交通问题，方便交通部门人员室内查看不同区域的交通状况，系统中显示效果如图 4-25 所示。

图 4-25 视频监控

视频监控的核心内容如程序代码 4-18 所示。

程序代码 4-18　视频监控

```
/ * *
 * 摄像头矢量图层查询成功回调函数
 * @param {object} result 属性数据对象
 * /
function queryCameraVecLayerSuccess(result){
    //关闭进度条
    stopPressBar();
    if (result. SFEleArray && result. SFEleArray. length > 0) {
        if (popup ! = null) {
            $ ('#popup－content'). html("");
            $ ('#popup－title'). html("");
            var elementA = "<div>摄像头:" + result. SFEleArray[0]. AttValue
[1] + "</div>";
            // 新建的 div 元素添加 a 子节点
            $ ('#popup－title'). append(elementA);
            // 为 content 添加 img 子节点
            var elementImg = "<video style='width:100%;min－height:180px;'
controls autoplay>" + "<source src='" + result. SFEleArray[0]. AttValue[3] + "' type
='video/mp4'/>您的浏览器不支持 video 标签。" + "</video>";
            //新增 div 元素
            var elementDiv = "<div><table class='table table－bordered'><
tbody>" +"<tr><td>" + result. AttStruct. FldName[2] + ":</td><td>" + re-
sult. SFEleArray[0]. AttValue[2] + "</td></tr>" + "<tr><td colspan='2'>" +
elementImg + "</td></tr>" + "</tbody></table></div>"
            // 为 content 添加 div 子节点
            $ ('#popup－content'). append(elementDiv);
            popup. setPosition([(result. SFEleArray[0]. bound. xmin + result. SFEl-
eArray[0]. bound. xmax) / 2, (result. SFEleArray[0]. bound. ymin + result. SFEleArray
[0]. bound. ymax) / 2]);
        }
    } else {
        openMessage("danger", "失败!", "没有查询到内容");
    }
}
```

代码说明：地图文档要素查询参考程序代码 4-6，这段代码是程序成功的回调函数。查询成功将属性信息填充在 table 表格中，通过 popup 弹出框的形式在地图中展示。

4.3.5.3 事件添加

有交通事故发生时，在系统中通过事件添加及时记录，方便交通部门其他人员查看，系统效果如图 4-26 所示。

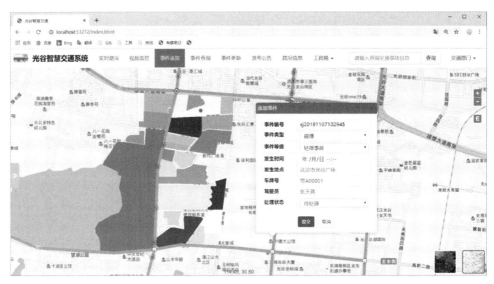

图 4-26　事件添加

事件添加 popup 弹出框生成与现实的核心内容如程序代码 4-19 所示。

程序代码 4-19　事件添加生成弹出框

```
/ *
 * 添加要素到事件矢量图层
 * /
function addFeatureToEventLayer() {
    if (drawpoint == null) {
        //实例化交互绘制类对象并添加到地图容器中
        drawpoint = new ol. interaction. Draw({
            type："Point"
        });
    }
    map. addInteraction(drawpoint);
    drawpoint. on("drawend"，addFeatureCallback);
}
/ *
```

```
 * 添加要素回调函数
 * @param {object} res 点要素对象
 */
function addFeatureCallback(res) {
    var position = res.feature.getGeometry().getCoordinates();
    var queryStruct = new Zondy.Service.QueryFeatureStruct();
    queryStruct.IncludeGeometry = false;
    queryStruct.IncludeAttribute = false;
    //实例化查询参数对象
    var queryParam = new Zondy.Service.QueryParameter({
        resultFormat: "json",
        struct: queryStruct
    });
    //设置查询分页号
    queryParam.pageIndex = 0;
    //设置查询要素数目
    queryParam.recordNumber = 1;
    //实例化地图文档查询服务对象
    var queryService = new Zondy.Service.QueryDocFeature(queryParam, docname, 3, {
        ip: ip,
        port: port
    });
    startPressBar();
    //执行查询操作,querySuccess 为查询回调函数
    queryService.query(function (result) {
        var trs = "";
        stopPressBar();
        var eventType = '<select class="form-control event-type">' +
            '<option value="碰撞">碰撞</option>' +
            '<option value="刮擦">刮擦</option>' +
            '<option value="追尾">追尾</option>' +
            '<option value="碾压">碾压</option>' +
            '<option value="翻车">翻车</option>' +
            '<option value="失火">失火</option>' +
```

```
                    '<option value="其他">其他</option>' +
                    '</select>';
            var eventGrade = '<select class="form-control event-grade">' +
                    '<option value="1">轻微事故</option>' +
                    '<option value="2">一般事故</option>' +
                    '<option value="3">重大事故</option>' +
                    '<option value="4">特大事故</option>' +
                    '</select>';
            var eventStatus = '<select class="form-control event-status">' +
                    '<option value="0">待处理</option>' +
                    '<option value="1">处理中</option>' +
                    '<option value="2">已归档</option>' +
                    '</select>';
            var fldName = result. AttStruct. FldName;
            for (var i = 0, len = fldName. length; i < len; i++) {
                switch (fldName[i]) {
                    case "事件编号":
                        trs += "<tr><td>" + fldName[i] + "</td><td type=
" + result. AttStruct. FldType[i]+"">sj" + getCurentTime(3) + "</td></tr>";
                        break;
                    case "事件类型":
                        trs += "<tr><td>" + fldName[i] + "</td><td type=
" + result. AttStruct. FldType[i] +"">" + eventType + "</td></tr>";
                        break;
                    case "事件等级":
                        trs += "<tr><td>" + fldName[i] + "</td><td type=
" + result. AttStruct. FldType[i] +"">" + eventGrade+"</td></tr>";
                        break;
                    case "发生时间":
                        trs += "<tr><td>" + fldName[i] + "</td><td type=
" + result. AttStruct. FldType[i] +""><input type='datetime-local' placeholder='请输
入事件发生时间' value="" + eventAdd. time +""/></td></tr>";
                        break;
                    case "发生地点":
```

```
                trs += "<tr><td>" + fldName[i] + "</td><td type=
"' + result. AttStruct. FldType[i] +"'><input type='text' placeholder='武汉市光谷广场'
value='"+eventAdd. addr+"'/></td></tr>";
                break;
            case "车牌号":
                trs += "<tr><td>" + fldName[i] + "</td><td type=
"' + result. AttStruct. FldType[i] +"'><input type='text' placeholder='鄂 A00001'/>
</td></tr>";
                break;
            case "驾驶员":
                trs += "<tr><td>" + fldName[i] + "</td><td type=
"' + result. AttStruct. FldType[i] +"'><input type='text' placeholder='张天蒋'/></td
></tr>";
                break;
            case "处理状态":
                trs += "<tr><td>" + fldName[i] + "</td><td type=
"' + result. AttStruct. FldType[i] +"'>" + eventStatus+"</td></tr>";
                break;
        }
    }

    popup. setPosition(position);
    $("#popup-title"). html("添加事件");
    $("#popup-content")[0]. innerHTML = "<div class='tb-event'><ta-
ble class='table table-bordered'>" + trs + "</table></div>" +
        "<div class='btn-event'><button class='btn btn-primary btn-sm
mr5' onclick='creatFeature(" + position[0] + "," + position[1] + ")'>提交</button
><button class='btn btn-default btn-sm ml5' onclick='cancleFeature()'>取消</but-
ton></div>";
        $(". event-type option[value='"+eventAdd. type+"']"). prop("selected",
true);
    });
}
```

代码说明:第一步,创建一个绘制点对象并注册绘制结束事件,在地图任意位置点击进行
绘制,绘制完成后调用回调函数并将传递点要素数据;第二步,回调函数中查询要添加的"事
件"图层属性信息;第三步,在查询成功的回调函数中根据属性信息生成 popup 弹出框。

事件添加中地图文档指定图层要素添加的核心内容如程序代码 4-20 所示。

程序代码 4-20 地图文档要素的添加

```
/ * *
 * 创建点要素,添加至地图文档指定矢量图层
 * @param {number} x 经度坐标
 * @param {number} y 纬度坐标
 * /
function creatFeature(x, y) {
    //创建一个点形状,描述点形状的几何信息
    var gpoint = new Zondy. Object. GPoint(x, y);
    //设置当前点要素的几何信息
    var fGeom = new Zondy. Object. FeatureGeometry({ PntGeom:[gpoint] });
    //描述点要素的符号参数信息
    var pointInfo = new Zondy. Object. CPointInfo({ Angle:0, Color:6, Space:0,
SymHeight:5, SymID:21, SymWidth:5 });
    //设置当前点要素的图形参数信息
    var webGraphicInfo = new Zondy. Object. WebGraphicsInfo({ InfoType:1,
PntInfo:pointInfo });
    //设置添加点要素的属性信息
    var attValue = [];
    var fldName = [];
    var fldType = [];
    var fldNumber = 0;
    $('#popup table tr'). each(function (i, elm) {
        var value = "";
        var eventTd0 = $(this). find("td:eq(0)"). text();
        var eventTd1 = $(this). find("td:eq(1)");
        if (i == 0) {
            value = eventTd1. text();
        } else if (eventTd1. find("select"). length > 0) {
            value = eventTd1. find("select"). val();
            if (! isNaN(value)) {
                value = parseFloat(value);
            }
        } else if (eventTd1. find("input"). length > 0) {
            value = eventTd1. find("input"). val(). trim();
```

```
            if (eventTd1. find("input"). prop("type") == "datetime-local") {
                value = value. replace(/T/g, " "). replace(/-/g, ".");
            }
        }
        var type = eventTd1. attr("type");
        fldType. push(type);// 遍历 tr
        attValue. push(value);
        fldNumber++;
        fldName. push(eventTd0);
    });
    //创建一个要素
    var feature = new Zondy. Object. Feature({ fGeom：fGeom, GraphicInfo：webGraphicInfo, AttValue：attValue });
    //设置要素为点要素
    feature. setFType(1);
    //创建一个要素数据集
    var featureSet = new Zondy. Object. FeatureSet();
    featureSet. clear();
    //设置属性结构
    var cAttStruct = new Zondy. Object. CAttStruct({ FldName：fldName, FldNumber：fldNumber, FldType：fldType });
    featureSet. AttStruct = cAttStruct;
    //添加要素到要素数据集
    featureSet. addFeature(feature);
    //创建一个编辑服务类
    var editService = new Zondy. Service. EditDocFeature(docname, 3, { ip：ip, port：port });
    //执行添加点要素功能
    editService. add(featureSet, onPntSuccess);
}
```

代码说明:根据点坐标数据生成点几何对象,设置点的图形与属性信息,使用点几何、点图形、点属性创建点要素对象,将点要素添加到要素数据集对象中。创建一个地图文档编辑对象,执行添加点要素功能,将要素数据集添加到地图文档指定图层中。

4.3.5.4 事件查询

事件查询用于交通部门人员在指定范围内查询发生的交通信息,使用表格的形式展示,并通过热力图与统计图对事件进行分析,查询结果展示如图 4-27 所示。

图 4-27 事件查询结果

事件查询的核心内容如程序代码 4-21 所示。

程序代码 4-21 事件查询

```
/**
 * 事件查询的周边查询
 */
function eventQueryVecLayerByCircle() {
    //实例化交互绘制类对象并添加到地图容器中
    drawcircle = new ol. interaction. Draw({
        type:'Circle'
    });
    map. addInteraction(drawcircle);
    //点击查询的回调函数
    drawcircle. on('drawend', eventQueryVecLayerCallback);
}
/**
 * 事件查询的周边查询
 * @param {object} feature 要素数据对象
 */
```

```
function eventQueryVecLayerCallback(feature) {
    //初始化查询结构对象,设置查询结构包含几何信息
    var queryStruct = new Zondy. Service. QueryFeatureStruct();
    //是否包含几何图形信息
    queryStruct. IncludeGeometry = true;
    //是否包含属性信息
    queryStruct. IncludeAttribute = true;
    //是否包含图形显示参数
    queryStruct. IncludeWebGraphic = false;
    //创建一个用于查询的点
    var geomObj = new Zondy. Object. Circle();
    // 将 openlayers 的点几何转换为 MapGIS 的点几何
    geomObj. setByOL(feature. feature. values_. geometry);
    //指定查询规则
    var rule = new Zondy. Service. QueryFeatureRule({
        //是否将要素的可见性计算在内
        EnableDisplayCondition: false,
        //是否完全包含
        MustInside: false,
        //是否仅比较要素的外包矩形
        CompareRectOnly: false,
        //是否相交
        Intersect: true
    });
    //实例化查询参数对象
    var queryParam = new Zondy. Service. QueryParameter({
        geometry: geomObj,
        resultFormat: "json",
        struct: queryStruct,
        rule: rule
    });
    //设置查询分页号
    queryParam. pageIndex = 0;
    //设置查询要素数目
    queryParam. recordNumber = 1000;
```

```
//实例化地图文档查询服务对象
var queryService = new Zondy. Service. QueryDocFeature(queryParam，docname，
3，{
        ip：ip，
        port：port
    });
    startPressBar();
    //执行查询操作,querySuccess 为查询回调函数
    queryService. query(eventQueryVecLayerSuccess, eventQueryVecLayerError);
}
/ * *
 * 事件查询的周边查询成功回调函数
 * @param {object} result 查询成功的结果对象
 * /
function eventQueryVecLayerSuccess(result) {
    //关闭进度条
    stopPressBar();
    stopEventQueryVecLayerByCircle();
    if (result. SFEleArray && result. SFEleArray. length > 0) {
        if (labelSource == null) {
            //矢量标注的数据源
            labelSource = new ol. source. Vector();
            var ciecleVector = new ol. layer. Vector({
                source：labelSource,
                style：new ol. style. Style({
                    //填充色
                    fill：new ol. style. Fill({
                        color：'rgba(255，255，255，0.2)'
                    }),
                    //边线样式
                    stroke：new ol. style. Stroke({
                        color：'#ffcc33',
                        width：2
                    })
                })
```

```
        });
            map. addLayer(ciecleVector);
    }
    var features = [];
    var tbody = "";
    for (var i = 0; i < result. SFEleArray. length; i++) {
        var sfele = result. SFEleArray[i];
        var bound = sfele. bound;
        if (bound ! = undefined) {
            var labelposition = [(bound. xmin + bound. xmax) / 2, (bound.
ymin + bound. ymax) / 2];
            var infojson = creatJsonInfo(result. AttStruct. FldName, sfele. At-
tValue);
            var tds = "<td>" + labelposition + "</td>";
            for (var j = 0; j < sfele. AttValue. length - 1; j++) {
                var value = sfele. AttValue[j];
                if (j == 7) {
                    value = getEventStatusByNum(value);
                } else if (j == 2) {
                    value = getEventGradeByNum(value);
                }
                tds += "<td>" + value + "</td>";
            }
            tbody += "<tr>" + tds + "</tr>"
            //实例化 Vector 要素,通过矢量图层添加到地图容器中
            var iconFeature = new ol. Feature({
                geometry: new ol. geom. Point(labelposition),
                info: infojson
            });
            // 事件处理状态
            var status = result. SFEleArray[i]. AttValue[7];
            iconFeature. setStyle(new ol. style. Style({
                /* *{olx. style. IconOptions}类型 */
                image: new ol. style. Icon(
```

```
({
        anchor：[0.5，1],
        anchorOrigin：'top-right',
        anchorXUnits：'fraction',
        anchorYUnits：'fraction',
        // src：'../../images/jamevent-icon.png'
        src：'../../images/mapicon/label/' + status + '.png'
    })
)
}));
features.push(iconFeature);
}
}
var ths = "<th>gp</th>";
for (var i = 0; i < result.AttStruct.FldName.length - 1; i++) {
    ths += "<th>" + result.AttStruct.FldName[i] + "</th>"
}
var thead = "<thead><tr>" + ths + "</tr></thead>";
$("#resulttable").html("<table class='table table-hover table-bordered'>" + thead + "<tbody>" + tbody + "</tbody></table>");
var auth = localStorage.getItem("auth");
if (auth ! = "common") {
    $("#divShowResult").show();
}
labelSource.addFeatures(features);
map.un("click", labelLayerClickCallback);
map.on("click", labelLayerClickCallback);
} else {
openMessage("danger", "哎呀!", "没有查询到内容");
}
}
```

代码说明：第一步，创建绘制圆几何的交互对象并注册绘制结束事件；第二步，在绘制圆结束的回调函数中获取圆要素，创建地图文档要素查询对象，使用圆要素作为参数进行查询；第三步，查询结果的属性数据通过表格展示，查询结果的要素数据通过点标注在地图上展示。

生成事件热力图:根据事件要素的密集程度与权重生成的热力图层如图 4-28 所示。

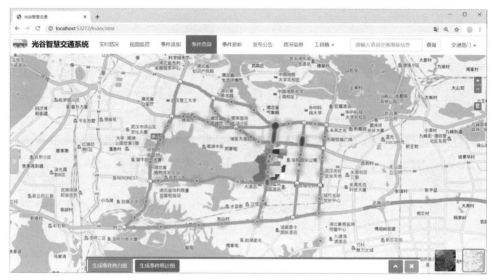

图 4-28　生成事件热力图

生成事件热力图的核心内容如程序代码 4-22 所示。

程序代码 4-22　生成事件热力图

```
/ * *
 * 创建热力图
 * @param {object} result 事件矢量图层的要素查询结果
 * /
function createHeatMapByEvent(result) {
    stopPressBar();
        var format = new Zondy. Format. PolygonJSON();
        var features = format. read(result);
        //设置要素权值
        for (var i = 0; i < features. length; i++) {
            features[i]. set('weight', parseFloat(result. SFEleArray[i]. AttValue[3]) *
0.2);
        }
        if (! heatmapSource) {
            heatmapSource = new ol. source. Vector({
                wrapX: false
            });
            var heatmapLayer = new ol. layer. Heatmap({
                source: heatmapSource,
```

```
        radius：10,
        blur：10
    });
    map.addLayer(heatmapLayer);
}
heatmapSource.addFeatures(features);
}
```

代码说明：使用要素的 set 方法设置"weight"属性，即根据事件的不同等级设置不同的权重。用 ol.layer.Heatmap 类创建热力图对象，radius 参数设置半径大小，blur 参数设置模糊大小，创建完成添加到地图中。

生成事件统计图：根据事件发生的月份与事件的类型进行统计，使用事件类型统计的结果如图 4-29 所示。

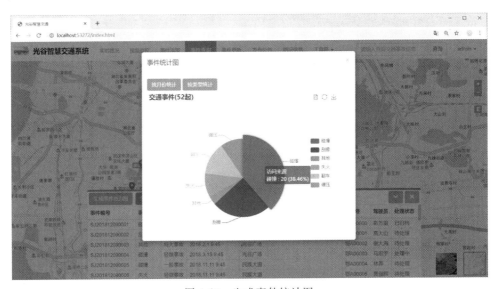

图 4-29　生成事件统计图

生成事件统计图的核心内容如程序代码 4-23 所示。

程序代码 4-23　生成事件统计图

```
/**
 * 创建统计图
 * @param {object} result 事件查询的结果对象
 */
function createChartsByEvent(result){
    stopPressBar();
    var numForMonth = [0, 0, 0, 0, 0, 0, 0, 0, 0, 0, 0, 0];
    var typeObj = {};
```

```javascript
var typeArray = [];
for (var i = 0; i < result.SFEleArray.length; i++) {
    //按月份统计
    var month = Number(result.SFEleArray[i].AttValue[3].split(".")[1]);
    numForMonth[month - 1]++;
    //按事件类型统计
    var type = result.SFEleArray[i].AttValue[1];
    var numForType = typeObj[type];
    if (! numForType) {
        numForType = 0;
    }
    numForType++;
    typeObj[type] = numForType;
}
for (var key in typeObj) {
    typeArray.push({ value: typeObj[key], name: key });
}
//按月份统计
optionForMonth = {
    title: {
        text: '交通事件(' + result.SFEleArray.length + '起)'
    },
    tooltip: {
        trigger: 'axis'
    },
    legend: {
        data: [{
            name: '交通事件'
        }]
    },
    backgroundColor: 'rgba(255, 255, 255, 1)',
    toolbox: {
        show: true,
        feature: {
            dataView: { show: true, readOnly: false },
            magicType: { show: true, type: ['line', 'bar'] },
```

```
                restore：{ show：true }，
                saveAsImage：{ show：true }，
            }
        }，
        calculable：true，
        xAxis：[
            {
                type：'category'，
                data：['1 月', '2 月', '3 月', '4 月', '5 月', '6 月', '7 月', '8 月', '9 月',
'10 月', '11 月', '12 月']
            }
        ]，
        yAxis：[
            {
                type：'value'
            }
        ]，
        series：[
            {
                name：'交通事件'，
                type：'line'，
                data：numForMonth，
                markLine：{
                    data：[
                        { type：'average', name：'平均值' }
                    ]
                }
            }
        ]
    }
    //按事件类型统计
    optionForType = {
        title：{
            text：'交通事件(' + result.SFEleArray.length + '起)'
        }，
        tooltip：{
```

```
            trigger: 'item',
            formatter: "{a} <br/>{b} : {c} ({d}%)"
        },
        legend: {
            orient: 'vertical',
            top: 'middle',
            right: '20px',
            data: typeArray
        },
        backgroundColor: '#ffff',
        toolbox: {
            show: true,
            feature: {
                dataView: { show: true, readOnly: false },
                restore: { show: true },
                saveAsImage: { show: true },
            }
        },
        calculable: true,
        series: [
            {
                name: '访问来源',
                type: 'pie',
                radius: '55%',
                center: ['50%', '60%'],
                data: typeArray,
                itemStyle: {
                    emphasis: {
                        shadowBlur: 10,
                        shadowOffsetX: 0,
                        shadowColor: 'rgba(0, 0, 0, 0.5)'
                    }
                }
            }
        ]
    };
```

```
myChart = echarts.init(document.getElementById("char-content"));
myChart.setOption(optionForMonth);
}
```

代码说明:通过循环生成 eachrts 统计图需要的 option,即 optionForMonth、optionFor-Type,echarts.init()创建一个统计图对象,调用 setOption 设置统计图内容。

4.3.5.5 事件更新

事件添加后初始为待处理状态,伴随事件处理过程,交通部门人员通过事件更新修改事件的状态,直到事件完成,系统效果如图 4-30 所示。

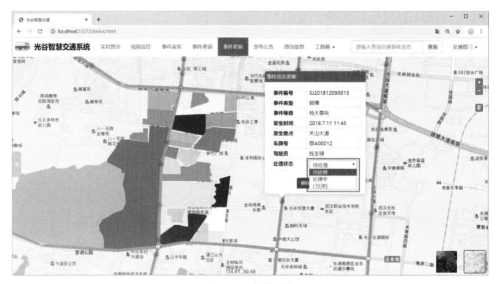

图 4-30　事件更新

事件更新的核心内容如程序代码 4-24 所示。

程序代码 4-24　事件更新

```
/**
 * 更新要素
 * @param {number} featureIds 要素 fid
 */
function updateFeature(featureIds) {
    var color = 6;
    var eventStatus = + $('#eventstatus').val();
    switch (eventStatus) {
        case 0:
            color = 6;
            break;
        case 1:
```

```
                color = 4;
                break;
        case 2:
                color = 90;
                break;
        default:
                break;
    }
    var attValue = [eventStatus];
    var pointInfo = new Zondy. Object. CPointInfo({ Angle: 0, Color: color, Space:
0, SymHeight: 5, SymID: 21, SymWidth: 5 });
    //设置当前点要素的图形参数信息
    var webGraphicInfo = new Zondy. Object. WebGraphicsInfo({ InfoType: 1,
PntInfo: pointInfo });
    //创建一个点要素
    var newFeature = new Zondy. Object. Feature({ GraphicInfo: webGraphicInfo,
AttValue: attValue });
    //设置要素为点要素
    newFeature. setFType(1);
    newFeature. setFID(featureIds);
    //创建一个点要素数据集
    var featureSet = new Zondy. Object. FeatureSet();
    featureSet. clear();
    //设置属性结构
    var cAttStruct = new Zondy. Object. CAttStruct({ FldName: ["处理状态"], Fld-
Number: 1, FldType: ["short"] });
    featureSet. AttStruct = cAttStruct;
    //添加要素到要素数据集
    featureSet. addFeature(newFeature);
    //创建一个编辑服务类
    var editService = new Zondy. Service. EditDocFeature(docname, 3, { ip: ip, port:
port });
    editService. update(featureSet, onPntSuccess);
}
```

代码说明:根据事件状态的不同给事件要素设置不同的颜色,创建一个点要素 newFeature,设置要素更新的图形信息、属性信息及 featureIds。创建地图文档要素编辑对象,调用

update 方法更新要素。

4.3.5.6 发布公告

交通道路进行作业、清理、维修时,交通部门需要向道路附近可能受影响的区域物业管理中心发送施工公告的通知,物业中心再通知该区域的居民,减小道路施工对附近居民的影响。首先在事件图层居民区绘制维修的道路线要素,通过线要素生成受影响的缓冲区域,如图 4-31所示。然后获取缓冲区域的物业中心数据,向物业中心发送通知,如图 4-32 所示。本系统因没有购买运营商短信服务,所以将公告信息存入数据库中,提供给普通用户查看。

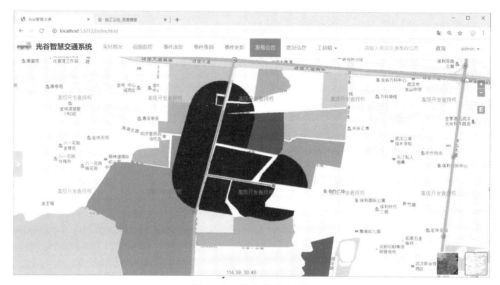

图 4-31　发布公告区域

图 4-32　发布公告信息

发布施工公告前需要获取受影响的区域范围,其核心内容如程序代码 4-25 所示。

程序代码 4-25 发布公告区域

```
/* *
 * 发布公告绘制线结束的回调函数
 * @param {ol. interaction. Draw. Event} result 事件对象
 */
function constructAnnouncementCallback(result) {
    var pointObj = new Array();
    for (var i = 0; i < result. feature. getGeometry(). getCoordinates(). length; i+
+) {
        var pointGeo = new Zondy. Object. Point2D(result. feature. getGeometry().
getCoordinates()[i][0], result. feature. getGeometry(). getCoordinates()[i][1]);
        pointObj. push(pointGeo);
    }
    var gArc = new Zondy. Object. Arc(pointObj);
    //构成线的折线
    var gAnyLine = new Zondy. Object. AnyLine([gArc]);
    //设置线要素的几何信息
    var gline = new Zondy. Object. GLine(gAnyLine);
    //设置要素的几何信息
    var fGeom = new Zondy. Object. FeatureGeometry({ LinGeom: [gline] });
    //设置属性结构
    var regAttStr = new Zondy. Object. CAttStruct({
        FldName: ["ID", "面积", "周长", "LayerID"],
        FldNumber: 4,
        FldType: ["FldLong", "FldDouble", "FldDouble", "FldLong"]
    });
    //实例化 CAttDataRow 类
    var values = [0, 62.566714, 50.803211, 0];
    var valuesRow = new Zondy. Object. CAttDataRow(values, 1);
    //实例化 FeatureBuffBySingleRing 类,设置要素缓冲分析必要参数,输出分析结果
到缓冲分析结果图层
    var featureBufBySR = new Zondy. Service. FeatureBuffBySingleRing({
        ip: ip,
        port: port,
        //设置要素缓冲分析左半径
        leftRad: 0.002,
```

```
            //设置要素缓冲分析右半径
        rightRad: 0.002
    });
    /* 设置缓冲分析参数 */
    //设置几何信息
    featureBufBySR.sfGeometryXML = JSON.stringify([fGeom]);
    //设置属性结构
    featureBufBySR.attStrctXML = JSON.stringify(regAttStr);
    //设置属性值
    featureBufBySR.attRowsXML = JSON.stringify([valuesRow]);
    //设置追踪半径
    featureBufBySR.traceRadius = 0.0001;
    //设置缓冲结果的名称及存放地址
     featureBufBySR.resultName = "gdbp://MapGISLocal/wuhan/ds/buffer/sfcls/
bufferresult" + getCurentTime();
    //调用 Zondy.Service.AnalysisBase 基类的 execute 方法执行要素缓冲分析,Anal-
ysisSuccess 为回调函数
    startPressBar();
    featureBufBySR.execute(bufferSuccess, "post", false, "json", bufferError);
}
/**
 * 缓冲区分析成功回调函数,执行裁剪分析
 * @param {object} result 缓冲区分析结果对象
 */
function bufferSuccess(result) {
    var clspath = result.results[0].Value;
    //实例化 ClipByLayer 类
    var clipParam = new Zondy.Service.ClipByLayer({
        ip: ip,
        port: port,
        //源简单要素类的 URL
        srcInfo1: "gdbp://MapGISLocal/wuhan/sfcls/居民区",
        //裁剪框简单要素类的 URL
        srcInfo2: clspath,
        //设置结果 URL
            desInfo: "gdbp://MapGISLocal/wuhan/ds/clip/sfcls/clipresult" + get-
CurentTime(),
```

```
        infoOptType：0
    });
    //调用基类的 execute 方法，执行图层裁剪分析。AnalysisSuccess 为结果回调函数
    clipParam. execute(clipSuccess, "post", false, "json", clipError);
}
```

代码说明：第一步，根据地图中绘制的线段创建线 Zondy. Object. FeatureGeometry 几何对象；第二步，创建 Zondy. Service. FeatureBuffBySingleRing 要素单圈缓冲区分析对象并设置缓冲半径；第三步，缓冲成功后创建 Zondy. Service. ClipByLayer 图层裁剪分析对象，将居民区简单要素类图层与缓冲结果简单要素类图层做裁剪分析，即可得到需要的发布公告的居民区域。

发布施工公告信息的核心内容如程序代码 4-26 所示。

程序代码 4-26　发布公告信息

```
// 发布施工公告
$ (document). on("click", "#pushNotice .btn－primary", function (e) {
    var noticeContent = $ ("#notice－info"). val(). trim();
    if (noticeContent == "") {
        openMessage("warning", "警告！", "请填写要发布的公告内容！");
        $ ("#notice－info"). focus();
        return;
    }
    var data = {
        noticeContent：noticeContent,
        noticeTime：getCurentTime(2),
        userId：localStorage. getItem("userid"),
        type："pushNotice"
    };
    $. ajax({
        url："hander/main. ashx",
        type："post",
        data：data,
        success：function (data) {
            var data = JSON. parse(data);
            if (data. code == 1) {
                $ ("#pushNotice"). modal("hide");
                openMessage("success", "成功！", data. msg);
            } else {
```

```
                openMessage("danger", "失败!", data.msg);
            }
        },
        error: function (e) {
            openMessage("danger", "失败!", e.responseText);
        }
    });
});
```

代码说明：获取公告的内容且不允许为空，通过 Ajax 将施工公告信息发送给后台，后台程序将内容存入数据库中。

4.3.5.7　路况信息

获取普通用户报告的路况信息，经过内部核实，如果信息不准确，执行"忽略"操作；如果信息准确，执行"通过"操作。通过审核的信息，在进行事件添加时会自动填充表单内容。系统中路况信息的效果如图 4-33 所示。

图 4-33　路况信息

路况信息的核心内容如程序代码 4-27 所示。

程序代码 4-27　路况信息

```
/ * *
 * 路况信息表格
 * /
var RoadInfoTableInit = function () {
    var oTableInit = new Object();
    //初始化 Table
```

```
oTableInit. Init = function () {
    $ ('#tb_roadinfo'). bootstrapTable({
        url：'hander/main. ashx',              //请求后台的 URL(＊)
        method：'get',                        //请求方式(＊)
        toolbar：'',                          //工具按钮用哪个容器
        striped：true,                        //是否显示行间隔色
        cache：false,                         //是否使用缓存,默认为 true,所以
一般情况下需要设置一下这个属性(＊)
        pagination：true,                     //是否显示分页(＊)
        sortable：false,                      //是否启用排序
        sortOrder："asc",                     //排序方式
        sidePagination："server",             //分页方式:client 客户端分页,
server 服务端分页(＊)
        pageNumber：1,                        //初始化加载第一页,默认第
一页
        pageSize：10,                         //每页的记录行数(＊)
        pageList：[10, 25, 50, 100],          //可供选择的每页的行数(＊)
        search：true,                         //是否显示表格搜索,此搜索是客
户端搜索,不会进服务端,所以,笔者感觉意义不大
        strictSearch：true,                   //设置为 true,启用全匹配搜索,否
则为模糊搜索
        searchOnEnterKey：true,               //设置为 true 时,按回车触发搜
索方法,否则自动触发搜索方法
        trimOnSearch：true,                   //设置为 true,将允许空字符搜索
        showColumns：true,                    //是否显示所有的列
        showRefresh：true,                    //是否显示刷新按钮
        minimumCountColumns：3,               //最少允许的列数
        clickToSelect：true,                  //是否启用点击选中行
        // height：500,                       //行高,如果没有设置 height
属性,表格自动根据记录条数设置表格高度
        uniqueId："ID",                       //每一行的唯一标识,一般为主
键列
        showToggle：false,                    //是否显示详细视图和列表视
图的切换按钮
        cardView：false,                      //是否显示详细视图
        detailView：false,                    //是否显示父子表
```

```
        queryParams：oTableInit. queryParams,//传递参数（＊）
        queryParamsType："，
        responseHandler：oTableInit. responseHandler,//ajax 已请求到数据，表
格加载数据之前调用函数
        columns：[
            {
                field：'username',
                title：'用户名',
                align：'center',
                rowspan：1
            }, {
                field：'eventType',
                title：'事件类型',
                align：'center',
                rowspan：1
            }, {
                field：'eventAddr',
                title：'事件地址',
                align：'center',
                rowspan：1
            }, {
                field：'eventMark',
                title：'附近建筑',
                align：'center',
                rowspan：1
            }, {
                field：'eventTime',
                title：'发生时间',
                align：'center',
                rowspan：1
            }, {
                field：'eventDescribe',
                title：'事件描述',
                align：'center',
                rowspan：1
            }, {
```

```
                    field: 'eventStatus',
                    title: '操作',
                    align: 'center',
                    rowspan: 1,
                    formatter: function (value, row, index) {
                        var a = "<button type='button' eventId='" + row.even-
tId + "' eventStatus='2' class='btn btn-success btn-xs mr5'>通过</button>";
                        var b = "<button type='button' eventId='" + row.even-
tId + "' eventStatus='1' class='btn btn-warning btn-xs mr5'>忽略</button>";
                        if (value === 0) {
                            return a + b;
                        } else {
                            return "已审核";
                        }
                    }
                }]
        });
    };
    //得到查询的参数
    oTableInit.queryParams = function (params) {
        var temp = { //这里键的名字和控制器的变量名必须一致
            type: "getRoadInfo",
            keyword: $("#checkRoadInfo .search input").val().trim(),
            pageSize: params.pageSize || 10,   //每页多少条数据
            pageNumber: params.pageNumber || 1 //请求第几页
        };
        return temp;
    };
    //加载服务器数据之前的处理程序
    oTableInit.responseHandler = function (res) {
        var temp = {
            "rows": [],
            "total": 0
        };
        if (!! res) {
            if (res.code === 1) {
```

```
                    temp. rows = res. list;
                    temp. total = res. total;
                }
            }
        return temp;
    };
    return oTableInit;
}
```

代码说明：代码中的表格生成使用 bootstrap-table 框架，更加详细的 API 内容请浏览官方网页。使用 url 向后台请求数据，请求过程用到的参数通过 queryParams 函数设置，请求成功后的结果通过 responseHandler 函数处理为表格需要的数据格式。表格列通过 columns 参数设置，最后将数据放在 id 为"tb_roadinfo"的 table 标签中。

4.3.6 管理员模块

管理员模块提供用户管理的功能，普通用户与交通部门不具备该功能使用权限。系统初始时会创建一个 admin 账号，该账号为管理员账号，是系统中唯一的管理员。管理员的账号不可以被删除，管理员的用户名也不可以被修改。管理员拥有交通部门的一切权限，可以创建交通部门账号提供给交通部门人员使用，管理普通用户与交通部门的账号信息。

管理员管理着交通部门与普通用户的账号信息，可以对账号进行修改、删除操作，还可以新增交通部门账号，强制下线正在登录的用户，如图 4-34 所示。

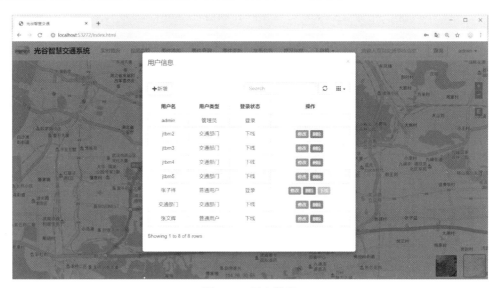

图 4-34　用户管理

用户管理的核心内容如程序代码 4-28 所示。

程序代码 4-28　用户管理

```
/* *
 * 用户表格
 */
var TableInit = function () {
    var oTableInit = new Object();
    //初始化 Table
    oTableInit. Init = function () {
        $ ('# tb_user'). bootstrapTable({
            url: 'hander/main. ashx',          //请求后台的 URL(*)
            method: 'get',                     //请求方式(*)
            toolbar: '#toolbar',               //工具按钮用哪个容器
            striped: true,                     //是否显示行间隔色
            cache: false,                      //是否使用缓存,默认为 true
            pagination: true,                  //是否显示分页(*)
            sortable: false,                   //是否启用排序
            sortOrder: "asc",                  //排序方式
            sidePagination: "server",          //分页方式:client 客户端分页,
server 服务端分页(*)
            pageNumber: 1,                     //初始化加载第一页,默认第
一页
            pageSize: 10,                      //每页的记录行数(*)
            pageList: [10, 25, 50, 100],       //可供选择的每页的行数(*)
            search: true,                      //是否显示表格搜索
            strictSearch: true,                //设置为 true,启用全匹配搜索,否
则为模糊搜索
            searchOnEnterKey: true,            //设置为 true 时,按回车触发搜
索方法,否则自动触发搜索方法
            trimOnSearch: true,                //设置为 true,将允许空字符搜索
            showColumns: true,                 //是否显示所有的列
            showRefresh: true,                 //是否显示刷新按钮
            minimumCountColumns: 3,            //最少允许的列数
            clickToSelect: true,               //是否启用点击选中行
            uniqueId: "ID",                    //每一行的唯一标识,一般为主
键列
```

```
        showToggle：false,                          //是否显示详细视图和列表视
图的切换按钮
        cardView：false,                            //是否显示详细视图
        detailView：false,                          //是否显示父子表
        queryParams：oTableInit.queryParams,//传递参数（*）
        queryParamsType：'',
        responseHandler：oTableInit.responseHandler,//ajax 已请求到数据,表
格加载数据之前调用函数
        columns：[
            {
                field：'username',
                title：'用户名',
                align：'center',
                rowspan：1
            }, {
                field：'userType',
                title：'用户类型',
                align：'center',
                rowspan：1,
                formatter：function (value, row, index) {
                    var text;
                    switch (value) {
                        case "admin"：
                            text = "管理员";
                            break;
                        case "traffic"：
                            text = "交通部门";
                            break;
                        default：
                            text = "普通用户";
                            break;
                    }
                    return text;
                }
            }, {
                field：'onlineStatus',
```

```
                title：'登录状态',
                align：'center',
                rowspan：1,
                formatter：function (value，row，index) {
                    var text;
                    switch (value) {
                        case 1：
                                text = "登录";
                                break;
                        default：
                                text = "下线";
                                break;
                    }
                    return text;
                }
            }，{
                field：'userId',
                title：'操作',
                align：'center',
                rowspan：1,
                formatter：function (value，row，index) {
                        var a = "<button type='button'  userid='" + value + "'
class='btn btn-success btn-xs btn-modify mr5'>修改</button>";
                        var b = "<button type='button'  userid='" + value + "'
class='btn btn-danger btn-xs btn-delete mr5'>删除</button>";
                        var c = "<button type='button'  userid='" + value + "'
class='btn btn-warning btn-xs btn-offline mr5'>下线</button>";
                        if (row. userType === "admin"){
                            return "";
                        }else if (row. onlineStatus == 1) {
                            return a + b + c;
                        } else {
                            return a + b;
                        }
                    }
                }
            }]
```

```
            });
        };
        //得到查询的参数
        oTableInit.queryParams = function (params) {
            var temp = {//这里的键的名字和控制器的变量名必须一致
                type："getUserInfo",
                keyword：$("#userInfo.search input").val().trim(),
                pageSize：params.pageSize || 10,  //每页多少条数据
                pageNumber：params.pageNumber || 1  //请求第几页
            };
            return temp;
        };
        //加载服务器数据之前的处理程序
        oTableInit.responseHandler = function (res) {
            var temp = {
                "rows"：[],
                "total"：0
            };
            if (!!res) {
                if (res.code === 1) {
                    temp.rows = res.list;
                    temp.total = res.total;
                }
            }
            return temp;
        };
        return oTableInit;
    }
```

代码说明：通过 getUserInfo 接口获取后台用户数据，在请求数据的 queryParams 参数中设置 pageSize、pageNumber 进行分页查询。请求成功后，使用 responseHandler 函数整理数据为表格需要的格式，根据用户不同类型设置操作列不同的按钮，"admin"账号的用户名禁止修改，账号禁止删除。

新增：打开用户管理，点击"新增"按钮，添加一个交通部门账号，如图 4-35 所示。

交通部门账号添加的核心内容如程序代码 4-29 所示。

图 4-35 交通部门账号添加

程序代码 4-29 交通部门账号添加

```
$ (document). on("click", "♯addUser . btn-primary", function (e) {
    var username = $ ("♯addUser ♯add-username"). val(). trim();
    var password = $ ("♯addUser ♯add-password"). val(). trim();
    if (username == "") {
        openMessage("waring", "注意!", "用户名为空,请输入");
        $ ("♯addUser ♯add-username"). focus();
        return;
    } else if (password == "") {
        openMessage("waring", "注意!", "密码为空,请输入");
        $ ("♯addUser ♯password"). focus();
        return;
    }
    $ . ajax({
        url: "hander/main. ashx",
        data: {type: "register", username: username, password: password, user-type: "traffic"},
        success: function(data){
            var data = JSON. parse(data);
            if (data. code == 1) {
                $ ("♯addUser"). modal("hide");
                $ ('♯tb_user'). bootstrapTable(' refresh');
```

```
            openMessage("success", "成功!", data.msg);
        } else {
            openMessage("danger", "失败!", data.msg);
        }
    },
    error: function(e){
        openMessage("danger", "失败!", e.responseText);
    }
});
});
```

代码说明:获取不为空的用户名与密码,执行 Ajax 请求,请求的接口类型为注册,用户类型设置为"traffic"(交通部门)。请求成功后关闭"新增交通部门账号"弹出框,刷新用户表格。

修改:管理员可以对普通用户和交通部门的账号用户名与密码进行修改,如图 4-36 所示。

图 4-36　账号修改

账号修改的核心内容如程序代码 4-30 所示。

程序代码 4-30　账号修改

```
// 修改用户
$(document).on("click", "#tb_user .btn-modify", function (e) {
    var username = $(this).closest("tr").find("td").eq(0).text();
    $("#modifyUser #modify-username").val(username);
    $("#modifyUser").attr("userid", $(this).attr("userid"));
    $("#modifyUser").modal("show");
```

```
});
$(document).on("click", "#modifyUser .btn-primary", function (e) {
    var username = $("#modifyUser #modify-username").val().trim();
    var password = $("#modifyUser #modify-password").val().trim();
    var userId = $("#modifyUser").attr("userid");
    if (username == "") {
        openMessage("waring", "注意!", "用户名为空,请输入");
        $("#modifyUser #modify-username").focus();
        return;
    } else if (password == "") {
        openMessage("waring", "注意!", "密码为空,请输入");
        $("#modifyUser #password").focus();
        return;
    }
    $.ajax({
        url: "hander/main.ashx",
        data: { type: "modifyUser", username: username, password: password, userId: userId },
        success: function (data) {
            var data = JSON.parse(data);
            if (data.code == 1) {
                $("#modifyUser").modal("hide");
                $('#tb_user').bootstrapTable('refresh');
                openMessage("success", "成功!", data.msg);
            } else {
                openMessage("danger", "失败!", data.msg);
            }
        },
        error: function (e) {
            openMessage("danger", "失败!", e.responseText);
        }
    });
});
```

代码说明:从表格中获取用户名,填充到修改账号弹出框的表单中。修改用户名与密码,获取不为空的用户名与密码,通过 Ajax 提交账号修改请求,请求成功后关闭账号修改弹出框,刷新用户表格。

删除：管理员可以删除系统中无效或违规的账号，删除前提示管理员是否确认删除用户，如图 4-37 所示。

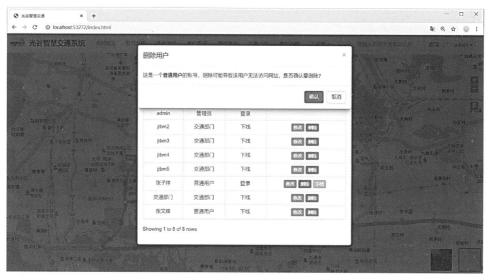

图 4-37　账号删除

账号删除的核心内容如程序代码 4-31 所示。

程序代码 4-31　账号删除

```
// 删除用户
$(document).on("click", "#tb_user .btn-delete", function (e) {
    var username = $(this).closest("tr").find("td").eq(1).text();
    if (username == "交通部门") {
        $("#deleteUser .modal-body").html("这是一个<strong>交通部门</
strong>的账号，删除可能导致该账户无法登录，影响管理交通事务，是否确认要删除?");
    } else {
        $("#deleteUser .modal-body").html("这是一个<strong>普通用户</
strong>的账号，删除可能导致该用户无法访问网站，是否确认要删除?");
    }
    $("#deleteUser").attr("userid", $(this).attr("userid"));
    $("#deleteUser").modal("show");
});
$(document).on("click", "#deleteUser .btn-primary", function (e) {
    var userId = $("#deleteUser").attr("userid");
    $.ajax({
        url: "hander/main.ashx",
        data: { type: "deleteUser", userId: userId },
```

```
        success: function (data) {
            var data = JSON.parse(data);
            if (data.code == 1) {
                $("#deleteUser").modal("hide");
                $('#tb_user').bootstrapTable('refresh');
                openMessage("success", "成功!", data.msg);
            } else {
                openMessage("danger", "失败!", data.msg);
            }
        },
        error: function (e) {
            openMessage("danger", "失败!", e.responseText);
        }
    });
});
```

代码说明:在用户表格中点击"删除"按钮,绑定用户 id 在弹出对话框并询问是否要删除用户。确认删除后,执行 Ajax 请求通过用户 id 删除该用户,删除成功后关闭对话框并刷新用户表格。

下线:账号下线的核心内容如程序代码 4-32 所示。

程序代码 4-32 账号下线

```
// 下线用户
$(document).on("click", "#tb_user .btn-offline", function (e) {
    var userId = $(this).attr("userid");
    $.ajax({
        url: "hander/main.ashx",
        data: { type: "offlineUser", userId: userId },
        success: function (data) {
            var data = JSON.parse(data);
            if (data.code == 1) {
                $('#tb_user').bootstrapTable('refresh');
                openMessage("success", "成功!", data.msg);
            } else {
                openMessage("danger", "失败!", data.msg);
            }
        },
        error: function (e) {
```

```
                openMessage("danger", "失败!", e.responseText);
            }
        });
    });
```

代码说明:点击"下线"按钮,执行 Ajax 请求修改用户登录状态,修改成功后刷新用户表格。

5 智慧交通系统应用发布

智慧交通系统前端使用 JavaScript，结合. NET 模式开发，因此需要 Internet 信息服务管理器(IIS)作为 Web 服务器发布站点。在部署站点前，需要安装配置 IIS，可以通过控制面板的打开或删除 Windows 功能安装 IIS，具体操作步骤请参见相关资料。下面以 Windows10 系统为例，发布光谷智慧交通系统。

系统详细发布步骤如下。

(1)在发布站点之前，首先验证 IIS 中的"应用程序池"是否包含 ASP. NET v4.0、ASP. NET v4.0 Classic。打开 Internet 信息服务(IIS)管理器，鼠标双击打开应用程序池，查看是否有图 5-1 中方框里的 ASP. NET v4.0 与 ASP. NET v4.0 Classic 项。如果没有，说明. NET Framework 没有安装完全，此情况下发布的网站是无法访问的，需要重新安装配置。

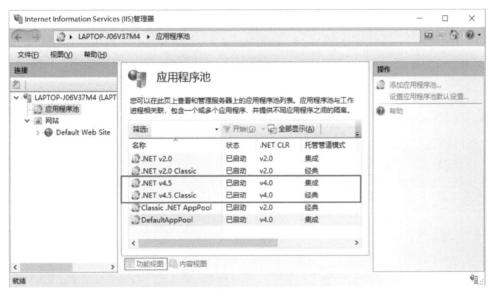

图 5-1 验证. NET Framework

(2)在 IIS 中，鼠标右键单击"网站"节点，在弹出的菜单中选择"添加网站……"，然后在弹出的"添加网站"窗口中配置要发布的站点。即按照图 5-2 所示配置站点，应用程序池选择 ASP. NET v4.0，设置 IP、端口及网站名称。

(3)双击新建的网站，如图 5-3 所示，然后点击"浏览网站"下的"浏览 192.168.17.3:8888 (http)"项，即可在浏览器中查看已经发布的网站。

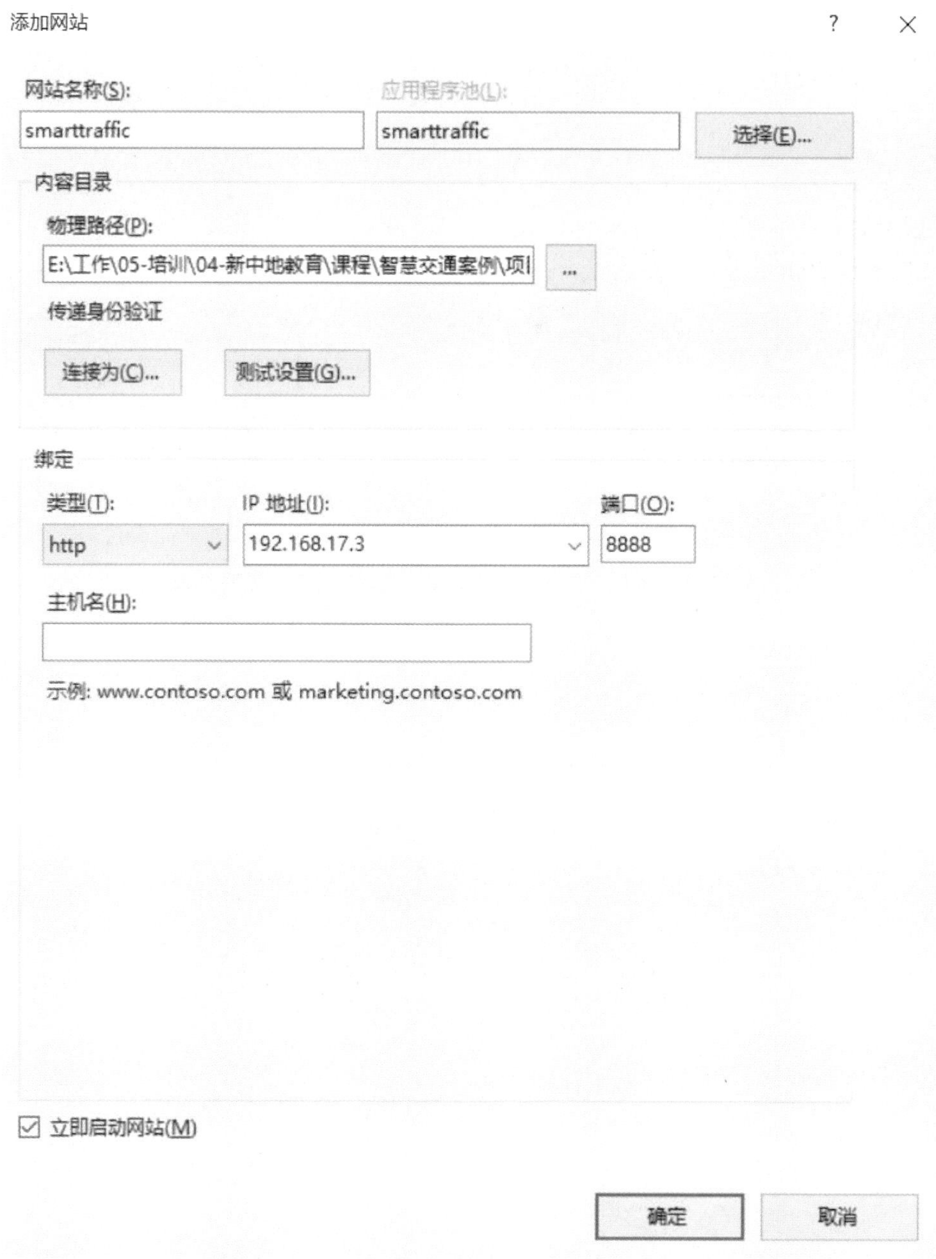
添加网站
?
网站名称(S):
smarttraffic
应用程序池(L):
smarttraffic
选择(E)...
内容目录
物理路径(P):
E:\工作\05-培训\04-新中地教育\课程\智慧交通案例\项目
...
传递身份验证
连接为(C)...
测试设置(G)...
绑定
类型(T):
http
IP 地址(I):
192.168.17.3
端口(O):
8888
主机名(H):
示例: www.contoso.com 或 marketing.contoso.com
立即启动网站(M)
确定
取消

图 5-2　站点发布配置

图 5-3 浏览网站方式

（4）在站点配置文件（web. config 文件）中，可以根据服务器配置环境修改业务数据库连接字符串，如程序代码 5-1 所示。

程序代码 5-1 web. config 文件数据库配置文件

<connectionStrings>

</connectionStrings>

上述是光谷智慧交通系统实现的整个过程。该系统采用 MapGIS_ol_product 地图框架，以 JQuery 的 JavaScript 脚本为核心技术，保证了系统的灵活性、可扩展性和可维护性。

6 实践总结

　　光谷智慧交通系统主要内容分为三大部分:第一部分是基于 MapGIS_ol_product 框架实现的地图应用,包括地图底图瓦片加载及切换,矢量图层加载与操作,如折线、多边形、矩形、圆形等,地图标注与 popup,地图的动画操作;第二部分是前端数据与后台服务的交互处理,前端通过 jQuery 的 Ajax 提交数据到后台,后台与数据库建立连接并操作数据,将处理好的数据返回前端,采用 JSON 格式做数据交互;第三部分是前端界面搭建及 UI 设计,前端使用 jquery 框架解决操作 html、css 问题,采用 bootstrap 框架提升交互体验。

7   拓展练习

（1）在现有系统之上增加外部气象数据的接入和实时显示功能。

（2）增加交通事故分享和在线处理功能。

（3）增加特殊事件道路限行通知发布功能。

主要参考文献

郭明强,黄颖,李婷婷,等,2021. WebGIS 之 Element 前端组件开发[M]. 北京:电子工业出版社.

郭明强,黄颖,刘郑,2019. 空间信息高性能计算[M]. 武汉:中国地质大学出版社.

郭明强,黄颖,潘雄,等,2022. 地理空间信息系统设计与开发[M]. 武汉:中国地质大学出版社.

郭明强,黄颖,吴亮,等,2022. 移动 GIS 应用开发实践[M]. 北京:电子工业出版社.

郭明强,黄颖,杨亚仑,等,2021. WebGIS 之 ECharts 大数据图形可视化[M]. 北京:电子工业出版社.

郭明强,黄颖,2021. WebGIS 之 Leaflet 全面解析[M]. 北京:电子工业出版社.

郭明强,黄颖,2019. WebGIS 之 OpenLayers 全面解析[M]. 2 版. 北京:电子工业出版社.

郭明强,黄颖,2019. 移动互联网地图实践教程[M]. 武汉:中国地质大学出版社.

翁梓铱,2021. 智慧交通管理系统研究[D]. 重庆:重庆交通大学.

吴信才,吴亮,万波,等,2020. 地理信息系统应用与实践[M]. 北京:电子工业出版社.

吴信才,吴亮,万波,2019. 地理信息系统原理与方法[M]. 4 版. 北京:电子工业出版社.

吴信才,谢忠,周顺平,等,2016. 全国 GIS 应用水平考试重要知识点复习一本通[M]. 武汉:武汉大学出版社.

吴信才,2015. 地理信息系统设计与实现[M]. 3 版. 北京:电子工业出版社.

附录 A　互联网 GIS 前端 API

MapGIS_ol_product.js 实质上是 IGServer 平台提供的数据服务与功能服务在客户端的封装,用户调用该库的功能控件可以直接获取 IGServer 平台提供的数据与功能资源。该二次开发库中中地封装的接口结构如图 A-1 所示。

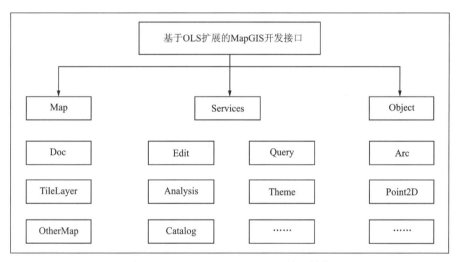

图 A-1　MapGIS_ol_product.js 接口结构

MapGIS_ol_product.js 中调用地图数据资源的类在 Zondy.Map 命名空间下,调用 GIS 功能资源服务的类在 Zondy.Service 命名空间下,Zondy.Object 命名空间下的类为结构类或者 MapGIS 对象类,主要协助地图数据资源类和 GIS 功能资源类完成资源调用功能。调用 GIS 服务器资源的类都以简单明了代表实际意义的英文名称来命名,方便用户获取资源调用接口。关于 MapGIS_ol_product.js 中的类是否基于 OpenLayers5 框架中的类,基于哪些类构件而成,可参考 API 文档 *MapGIS IGServer JavaSciprt ClientAPI*。在 API 文档中,每个类最开始的说明文字写明了该类的继承类(父类)和子类。

附录 B　开发环境配置

GIS 开发实验的环境要求如下。

（1）操作系统：Windows。

（2）GIS 开发平台：《MapGIS IGServer . NET x64 for Windows 开发包》/《MapGIS IG-Server . NET x86 for Windows 开发包》、MapGIS 开发授权。

（3）集成开发环境：安装 Microsoft Visual Studio 集成开发环境。

（4）浏览器：Chrome/Firefox/Edge/IE9 等。

B.1　基础开发环境配置

搭建 GIS 开发环境主要包含以下过程。

1）获取开发包和开发授权

配置 GIS 开发实验的环境，主要是安装 GIS 开发平台，包括下载和安装相应的开发授权和开发包，其流程如图 B-1～图 B-3 所示。

（1）登录司马云（http://www. smaryun. com/），进入"开发世界"注册登录账户。

图 B-1　司马云首页

图 B-2 在云开发世界注册账户

图 B-3 注册页面

（2）升级为开发者。完成用户注册后，可以升级为开发者（图 B-4）。

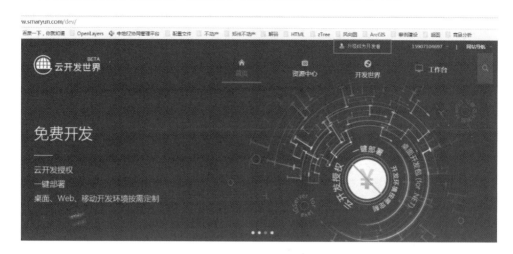

开发世界流程

图 B-4　升级为开发者

（3）完善认证信息。将认证的信息补充完整（图 B-5）。

图 B-5　完善个人信息

　　(4)下载开发授权。进入云开发世界→资源中心→产品开发包,如图所示界面,点击"获取开发授权",跳转到开发授权的页面中,点击"下载",即可下载开发授权文件(图 B-6、图 B-7)。

图 B-6　下载开发授权(一)

图 B-7　下载开发授权(二)

　　(5)下载开发包。通过资源中心下载开发包,即从"云开发世界"→"资源中心"→"产品开发包"进入,根据开发需求选择二次开发包,下载 32 位或 64 位的安装包(图 B-8)。

　　(6)安装开发授权。将下载的开发授权文件解压,如图 B-9 所示,双击后缀为.reg 的文件,将.reg 文件中的内容写入注册表中。

图 B-8　下载开发包

图 B-9　开发授权文件

（7）安装开发包。解压安装包，获得安装包的.exe 文件，然后鼠标右键单击.exe 文件，选择"以管理员身份运行"即可开始安装。根据提示，点击"下一步"或者配置安装路径等，完成安装（图 B-10）。

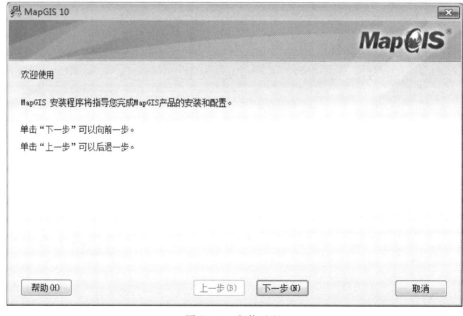

图 B-10　安装过程

2)启动 MapGIS IGServer 服务

(1)安装安装包和授权后,接下来启动相关的服务(图 B-11)。

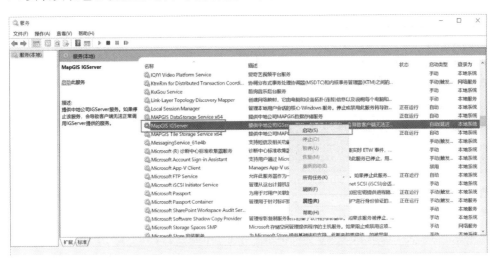

图 B-11　启动 MapGIS IGServer 服务

(2)在浏览器地址栏中输入 http://localhost:9999/,即可打开 MapGIS Server Manager 界面(图 B-12)。

图 B-12　MapGIS Server Manager 界面

B.2 地图服务发布流程

MapGIS 地图显示功能在 WebGIS 中起着举足轻重的作用。地图显示是 GIS 开发的基础,借助于 MapGIS 平台进行地图显示,为用户提供了方便快捷的地图显示方式。

这里介绍利用 OpenLayers 5 脚本库调用 MapGIS 地图服务,以地图文档数据为例,实现其加载显示的功能。具体的实现过程如下。

1)准备数据

开发前,需要根据应用的具体需求,制作相应的数据用于地图数据可视化的实现。这里,略去地图制图的过程,直接使用安装包中的示例数据进行演示。这里使用的示例数据位于安装包的路径下。

地图:\MapGIS 10\Program\Config\MapTemplates\CoomMap\世界地图_经纬度.mapx。

数据库:\MapGIS 10\Program\Config\MapTemplates\Templates.HDF。

2)发布数据

将准备好的数据在 MapGIS Server Manager 中进行发布。

(1)首先,在浏览器地址栏中输入 http://localhost:9999/,即打开 MapGIS Server Manager 登录页面(图 B-13),然后输入账号和密码,点击"登录"按钮进入 MapGIS Server Manager 首页(图 B-14)。

图 B-13　MapGIS Server Manager 登录页面

图 B-14　MapGIS Server Manager 首页

　　(2)附加对应数据库。进入 MapGIS Server Manager 首页后,在页面右侧的 GBDCatalog 目录里附加数据库。具体操作是:鼠标右键单击"MapGISLocal"→在弹出项中选择"附加"→在弹出框中点击"浏览"→在弹出框中找到对应的数据库,选中后点击"确定"按钮→在附加数据库的弹框中点击"确定",这时在 MapGISLocal 的目录下,就可以看到附加成功的数据库了(图 B-15~图 B-19)。

图 B-15　附加数据库(一)

图 B-16　附加数据库（二）

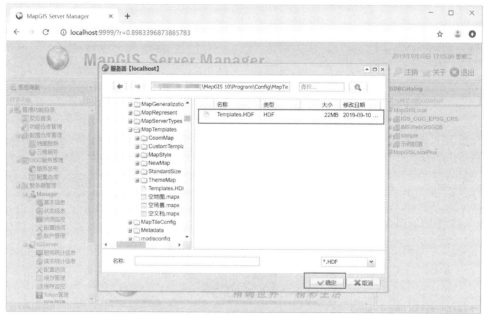

图 B-17　附加数据库（三）

图 B-18 附加数据库(四)

图 B-19 附加数据库(五)

（3）发布地图服务。点击"地图服务"→点击"发布地图文档"→点击"浏览"按钮→打开选取地图文档的窗口，选择对应的地图文档，点击"确定"按钮→在发布地图文档的弹框中，根据需要修改名称（可以修改，也可以不修改），然后点击"发布"按钮，就可以看到发布成功的地图文档了（图 B-20～图 B-23）。

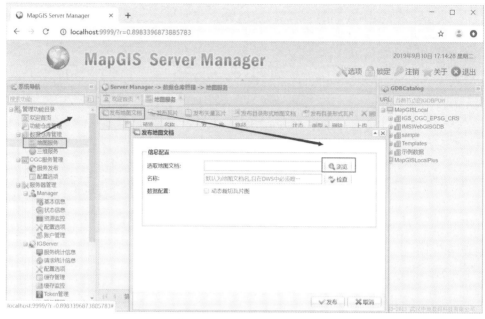

图 B-20　发布地图服务（一）

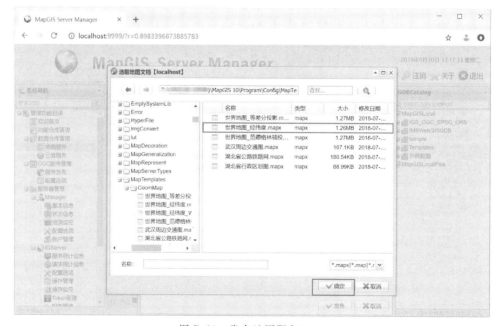

图 B-21　发布地图服务（二）

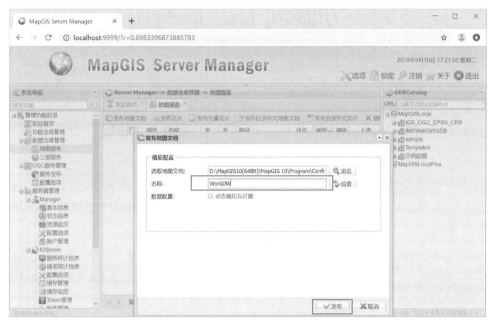

图 B-22 发布地图服务(三)

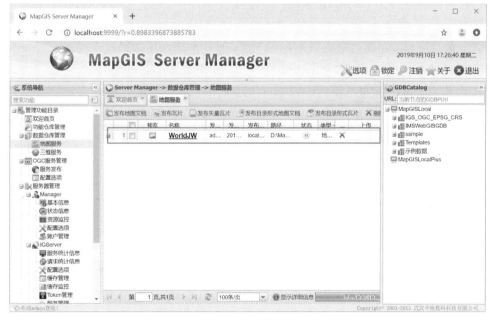

图 B-23 发布地图服务(四)

附录 C　互联网 GIS 后台服务扩展

C.1　扩展服务概述

C.1.1　扩展服务需求

在 Web 项目开发过程中,IGS 所提供的功能或地图框架提供的接口不能满足某种特殊的应用需求时,我们可以通过添加扩展服务的形式在 IGS 上发布自定义扩展功能,实现 Web 端应用的功能扩展。

C.1.2　扩展服务简介

.NET 版本 IGS 进行服务扩展在本质上是将某一功能以 Web 服务的形式发布出来,以供 Web 端应用调用。所采用的技术框架是 WCF。

Windows Communication Foundation(WCF)是由微软发展的一组数据通信的应用程序开发接口,可以翻译为 Windows 通信接口。它是.NET 框架的一部分,由.NET Framework 3.0 开始引入。

WCF 的最终目标是通过进程或不同的系统、通过本地网络或通过 Internet 收发客户和服务之间的消息。

WCF 合并了 Web 服务、.net Remoting、消息队列和 Enterprise Services 的功能,并集成在 Visual Studio 中。

WCF 专门用于面向服务开发。

WCF 的基本概念是以契约(contract)来定义双方沟通的协议,合约必须以接口的方式来体现,而实际的服务代码必须由这些合约接口派生并实现。合约分成了 4 种。

(1)数据契约(data contract),约定双方沟通时的数据格式。

(2)服务契约(service contract),约定服务的定义。

(3)操作契约(operation contract),约定服务提供的方法。

(4)消息契约(message contract),约定在通信期间改写消息内容的规范。

C.1.3　开发要点

进行 IGS 扩展服务开发之前需要了解和掌握的相关知识如下。

(1)WCF 扩展服务本质上是后台代码,需要掌握基础的后端开发知识,需要对 C♯ 语言、.NET 框架有简单的了解。

（2）后台代码中涉及的 GIS 功能主要是依赖 MapGIS 桌面端二次开发 SDK 实现的，如果进行涉及 GIS 功能的服务扩展，需要对 MapGIS 桌面二次开发有所了解。

C.2　扩展服务实现

WCF 服务开发流程如图 C-1 所示。

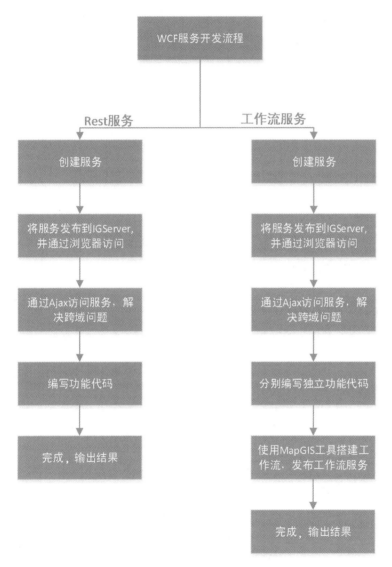

图 C-1　WCF 服务开发流程

C.2.1　创建服务

首先写一个简单的服务发布在 IGServer 中，通过浏览器可直接访问到。

C.2.1.1　创建服务

（1）在 vs 中建立一个"WCF 服务库"项目，名称为"WcfTest"，框架选".Net

Framework4",如图 C-2 所示。

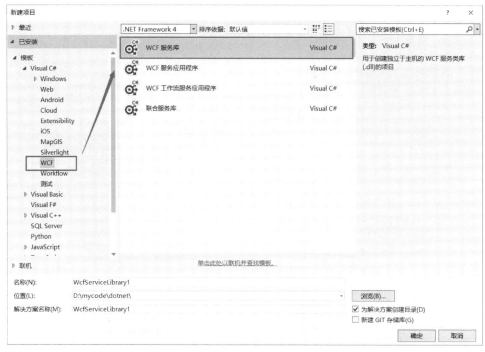

图 C-2　创建 WCF 服务

(2)点击"确定"后生成的默认文件 IService1 和 Service1 如图 C-3 所示。

图 C-3　服务结构

注意:若不想用默认的名称 IService1 和 Service1,可在工程(WcfTest)上,鼠标右键→添加→新建项,然后选择"WCF 服务"即可,如图 C-4 所示。

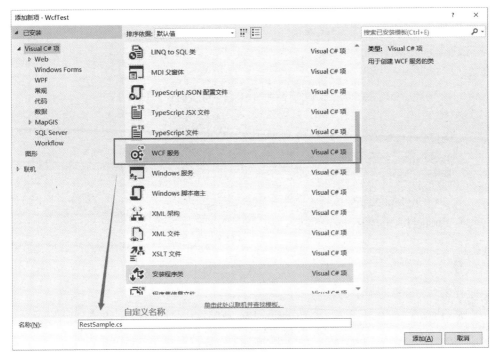

图 C-4　新建服务项

（3）此处就以默认生成的 IService1 和 Service1 为例，可以删除其中无关的类，只保留 GetData 的类，然后在引用中鼠标右键添加引用，引入 System.ServiceModel.Web 这个 dll，如图 C-5 所示。

图 C-5　添加服务引用

(4)构建 rest 风格的服务,在 Service1 的代码中添加绑定地址,编写相应服务功能,如下述代码所示。

程序代码 1   IService1 中的代码

```
namespace WcfTest
{
    // 注意: 使用"重构"菜单上的"重命名"命令, 可以同时更改代码和配置文件中的接口名"IService1"。
    [ServiceContract]
    public interface IService1
    {
        [OperationContract]
        string GetData(string value);
    }
}
```

程序代码 2   Service1 中的代码

```
namespace WcfTest
{
    // 注意: 使用"重构"菜单上的"重命名"命令, 可以同时更改代码和配置文件中的类名"Service1"。
    [ServiceBehavior(InstanceContextMode=InstanceContextMode.PerCall)]
    public class Service1 : IService1
    {
        [WebGet(UriTemplate = "/yao/{value}")]
        public string GetData(string value)
        {
            return string.Format("You entered: {0}", value);
        }
    }
}
```

(5)功能代码编写完成后在工程上鼠标右键→生成,这样就会生成一个当前服务的 dll,该 dll 的路径可在工程上右键属性进行查看,如图 C-6 所示。

如当前示例所生成最终 dll 为 WcfTest.dll,位置如图 C-7 所示。

C.2.1.2   发布服务

(1)将上述中生成的服务 dll 拷贝到 MapGIS 安装路径下的 program 文件夹中,例如:D:\MapGIS 10\Program。

(2)在浏览器中登录 Server Manager 管理界面,地址为 http://127.0.0.1:9999。

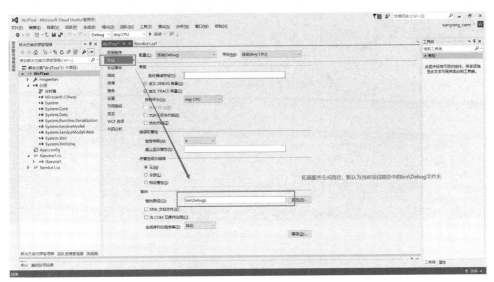

图 C-6 服务 DLL 生成路径

图 C-7 服务生成结果

（3）在 Server Manager 界面中找到 IGServer 下的服务管理，点击添加服务绑定信息，弹出绑定信息界面，如图 C-8 所示。

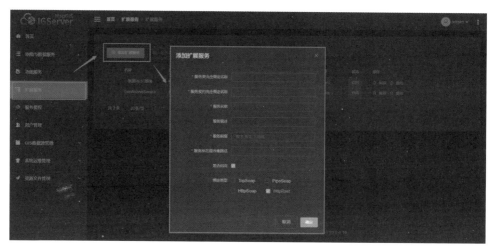

图 C-8　添加扩展服务

发布服务时各参数具体含义如表 C-1 所示。

表 C-1　参数含义

服务类完全限定名称	对服务类的名称进行描述，方式为：服务名.服务类名
服务契约完全限定名称	对服务契约的名称进行描述，方式为：服务名.服务契约名
服务名称	在 Server Manager 中发布服务成功后该服务的名称
服务描述	描述本次发布的服务的功能作用等信息
服务前缀	在前端调用本服务时，在地址上需要添加的前缀
服务所在程序集路径	当前服务使用的 dll 文件的路径，一般将服务放在 MapGIS 的 program 文件夹下，在本处直接写该服务的名称即可
是否启用	是否启用服务
绑定类型	Rest：一种轻量级的 Web Service 架构。可以完全通过 HTTP 协议实现。Soap：简单对象访问协议。它是轻型协议，用于在分散的、分布式计算环境中交换信息

（4）如示例代码生成的扩展服务，可按如图 C-9 所示内容填写。

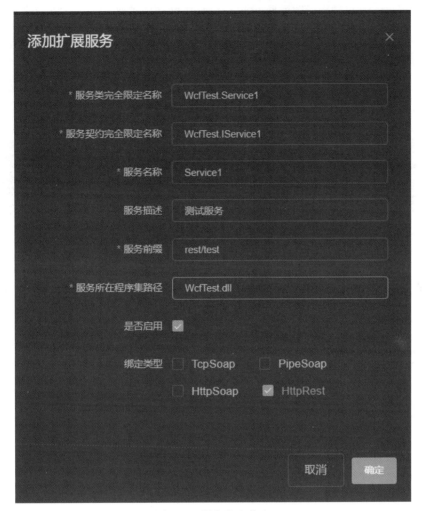

图 C-9　服务发布信息

注意:第一项为类的完整名称,第二项为接口的完整名称,第三项为服务名称,服务前缀为自定义,程序集路径为程序集的名称,这里选择 HttpRest 的方式进行发布。

(5)调用测试。服务发布完以后需要重启 IGServer,然后在浏览器中敲访问地址进行验证,例如:在浏览器中输入地址 127.0.0.1:6163/igs/rest/test/yao/Wcftest,结果如图 C-10所示。

图 C-10　请求地址

注意:其中地址构建规则如下。

http://127.0.0.1:6163/为 IGServer 平台所在机器的地址,端口是固定的 6163,用户无需修改。

igs/rest/test 为服务发布时填写的前缀。

yao/Wcftest:"yao"为 GetData 方法上面写的 url 模板,"Wcftest"为传入参数。

C.2.2 调用扩展服务

在服务中可能存在很多方法,例如:WCF 服务中可能同时存在裁剪分析、缓冲分析、叠加分析等功能,如何通过 Ajax 准确地调用同一个 WCF 服务下的方法?

可使用前端发送 Ajax 请求的方式,通过 URL 地址访问自己写的 WCF 服务,通过服务契约让 Ajax 准确地找到需要调用的方法。如下面示例中发布服务中设置的服务前缀为:rest/sawcf,服务中的契约为:

程序代码　服务契约

```
[OperationContract]
[WebInvoke(UriTemplate = "GeoPolygonsClipService", Method = "*", ResponseFormat = WebMessageFormat.Json)]
Message GeoPolygonsClipService(Stream value);
```

那么 Ajax 中 URL 就为 127.0.0.1:6163/igs/rest/sawcf/GeoPolygonsClipService。

具体请求如下。

```
$.ajax({
    type:"json",
    url: "127.0.0.1:6163/igs/rest/sawcf/GeoPolygonsClipService",
    datatype:"json",
    data:{…},
    context:object
    contentType:"text/plain",
success:function(){}
error:function(){}
})
```

C.2.3 调试扩展服务

从 Web 端调试进入后台 WCF 服务与从 C/S 端调试代码还是有些区别的,对于刚开始编写 WCF 的人来说,会感觉调试代码无从下手,不知道将程序运行进入后台服务代码。从 Web 端调试代码进入服务有以下几个步骤。

(1)将 WCF 服务发布到 IGServer 中。

(2)以管理员身份运行 VS,打开服务后选择"调试"→"附加到进程",在进程中找到 Map-GIS. Server. IGServerHost. exe 进程[①],点击"附加"完成进程附加,设置断点,在 Web 端发送 Ajax 请求后运行到断点处就会自动弹出,进行调试(图 C-11)。

注意:若无法找到该进程,可尝试通过控制台方式启动 IGS。

控制台启动 IGS 方法如下。

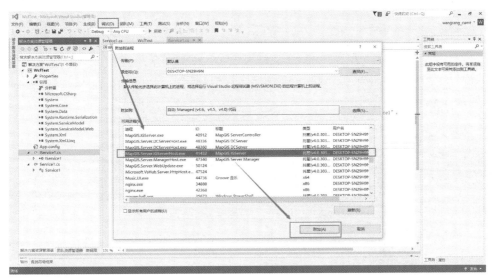

图 C-11 附加到进程调试

(1)关闭 Windows 服务中的 IGS 服务(图 C-12)。

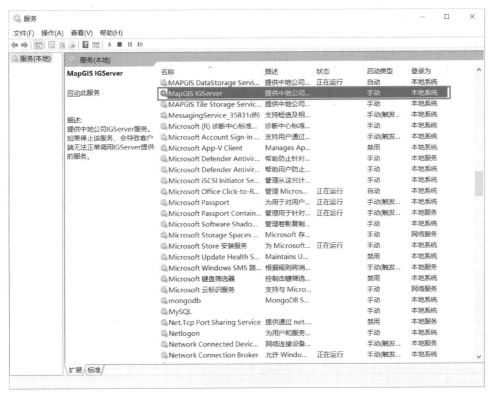

图 C-12 关闭服务

(2)将 MapGIS 安装目录下的"MapGIS.IGServer.exe"创建快捷方式至桌面(C-13)。

(3)鼠标右键打开快捷方式,在"属性"→"快捷方式"→"目标"后添加"空格‐c",点击"应用",之后通过快捷方式启动 IGS 即可(图 C-14)。

图 C-13　IGS 启动程序

图 C-14　控制台启动 IGS 设置

C.2.4　可能遇到的问题

C.2.4.1　浏览器访问跨域

在前端调用服务时,可能会出现跨域问题,可在服务代码中被调用的函数下加入:

程序代码　解决浏览器跨域代码

```
//指定域名可以访问后端接口
WebOperationContext.Current.OutgoingResponse.Headers.Add("Access-Control-Allow-Origin", "*");
//告诉浏览器我支持这些方法(后端不支持的方法可以从这里移除)
WebOperationContext.Current.OutgoingResponse.Headers.Add("Access-Control-Allow-Methods", "GET, POST, OPTIONS");
//后端允许Ajax中存在X-Requested-With,Content-Type, Accept,Origin字段
WebOperationContext.Current.OutgoingResponse.Headers.Add("Access-Control-Allow-Headers", "X-Requested-With,Content-Type, Accept,Origin");
// 告诉浏览器我已经记得你了, 80000秒之内不要再发送OPTIONS请求了
WebOperationContext.Current.OutgoingResponse.Headers.Add("Access-Control-Max-Age", "80000");
```

程序代码　具体代码

```csharp
namespace WcfTest
{
    // 注意: 使用 "重构" 菜单上的 "重命名" 命令, 可以同时更改代码和配置文件中
的类名 "Service1"。
    [ServiceBehavior(InstanceContextMode=InstanceContextMode.PerCall)]
    public class Service1 : IService1
    {
        [WebGet(UriTemplate = "/yao/{value}")]
        public string GetData(string value)
        {
            //指定域名可以访问后端接口
            WebOperationContext.Current.OutgoingResponse.Headers.Add("Access-Control-
Allow-Origin", "*");
            //告诉浏览器我支持这些方法(后端不支持的方法可以从这里移除)
            WebOperationContext.Current.OutgoingResponse.Headers.Add("Access-Control-
Allow-Methods", "GET, POST, OPTIONS");
            //后端允许 Ajax 中存在 X-Requested-With,Content-Type, Accept,Origin 字段
            WebOperationContext.Current.OutgoingResponse.Headers.Add("Access-Control-
Allow-Headers", "X-Requested-With,Content-Type, Accept,Origin");
            // 告诉浏览器我已经记得你了, 80000 秒之内不要再发送 OPTIONS 请求了
            WebOperationContext.Current.OutgoingResponse.Headers.Add("Access-Control-
Max-Age", "80000");
            return string.Format("You entered: {0}", value);
        }
    }
}
```

C. 2. 4. 2　服务接收数据

当功能需要传入较多参数时,可将参数进行封装,通过使用 Stream 流接收 Post 数据,在服务代码中通过创建对象类解析数据(图 C-15)。

```
/// <summary>
/// 处理Ajax发送的数据
/// </summary>
/// <typeparam name="T"></typeparam>
/// <param name="s"></param>
/// <returns></returns>
public static T ConvertToObject<T>(Stream data)
{
    //解析数据
    StreamReader sr = new StreamReader(data, Encoding.UTF8);
    //读取数据
    string objStr = sr.ReadToEnd();
    if (!string.IsNullOrEmpty(objStr))
    {
        //判断数据类型
        string c = objStr.Substring(0, 1);
        if (c == "{" || c == "[")
        {
            return JsonConvert.DeserializeObject<T>(objStr);
        }
        else
        {
            throw new Exception("您所传入的对象错误,仅支持JSON");
        }
    }
    else
        throw new Exception("您所传入的对象错误,仅支持JSON");
}
```

图 C-15　接收数据

C. 2. 4. 3　使用数据完成服务功能

通过使用解析出来的数据,参考 MapGIS 桌面端开发的代码,完成功能(图 C-16)。注意判断浏览器发送的是否是 Option 请求。

判断是否是 Option 请求:

if(WebOperationContext. Current. IncomingRequest. Method. Equals("OPTIONS", StringComparison. OrdinalIgnoreCase)){ //}

```
//创建简单要素类
SFeatureCls sfcls = new SFeatureCls();
//打开简单要素类图层
sfcls.Open(srcInfo);
//创建简单要素类
SFeatureCls destSfcls = new SFeatureCls();
//创建简单要素类图层
int desState = destSfcls.Create(desInfo, GeomType.Reg);
if (desState <= 0)
{
    return null;
}
//初始化空间分析类
SpatialAnalysis spa = new SpatialAnalysis();
//初始化缓冲分析参数类
BufferOption option = new BufferOption();
//判断是否允许合并缓冲区
if (isDissolve == "true")
{
    option.IsDissolve = true;
}
else
{
    option.IsDissolve = false;
}
if (radiusStr == null || radiusStr == "")//单圈缓冲区
{
    option.LeftRad = double.Parse(leftRad);
    option.RightRad = double.Parse(rightRad);
    if (isByAtt == "true")
    {
        option.IsByAtt = true;
        option.FldName = fldName;
    }
    //执行缓冲分析
    bool result = spa.Buffer(sfcls, destSfcls, null, option);
    if (result)
    {
        //管理简单要素类
        sfcls.Close();
        destSfcls.Close();
        //分装返回结果
        Message Fresult = JSONreturn(desInfo);
        return Fresult;
    }
```

图 C-16　缓冲分析代码

C. 2. 4. 4 封装结果并返回前端

创建对象类,将结果序列化到对象类中,将对象类转换成返回数据的类型,完成结果封装,在前端接收、处理返回信息(图 C-17)。

```
/// <summary>
/// 返回结果
/// </summary>
/// <param name="desInfo"></param>
/// <returns></returns>
public Message JSONreturn(string desInfo)
{
    //拆分结果图层URL地址
    string[] desinfoSplit = desInfo.Split('/');
    //获取结果图层名称
    string desname = desinfoSplit[desinfoSplit.Length - 1];
    Saresult msg = new Saresult();
    Num[] dataArray = new Num[1];
    for (int i = 0; i < dataArray.Length; i++)
    {
        Num data = new Num();
        data.resultstate = "true";
        data.results = desname;
        dataArray[i] = data;
    }
    msg.results = dataArray;
    return WebOperationContext.Current.CreateJsonResponse<Saresult>(msg);
}
```

图 C-17　封装结果并返回前端